# HORMON-BEHANDLUNG IN DEN WECHSELJAHREN?

Dr. Miriam Stoppard

# HORMONBEHANDLUNG IN DEN WECHSELJAHREN?

URANIA-RAVENSBURGER

EIN DORLING KINDERSLEY BUCH

Originaltitel: DK Healthcare Series: HRT


Die Deutsche Bibliothek-CIP Einheitsaufnahme
Stoppard, Miriam:
Hormonbehandlung in den Wechseljahren? / Miriam Stoppard
[Übersetzung: Marianne Schüz]
Berlin: Urania-Ravensburger, 2000
Einheitssacht.: HRT <dt.>
ISBN 3-332-01082-4


Titel der englischen Originalausgabe:
HRT, erschienen bei
Dorling Kindersley Limited, 9 Henrietta Street,
Covent Garden, London WC2E 8PS



Umschlaggestaltung: Morian & Bayer-Eynck, Coesfeld
Titelfoto: ZEFA/ C. Loumakis
Übersetzung: Dr. Marianne Schüz, Wiesbaden, für BOOKS & MORE, Monika Zilliken, Wiesbaden
Redaktion und deutsche Fassung, Satz sowie Herstellung: BOOKS & MORE, Monika Zilliken, Wiesbaden
Abbildungen: Jules Selmes, Steve Head
Druck: Wing King Tong, Hong Kong

Ein Teil des Materials dieser Veröffentlichung wurde in dem Dorling Kindersley Book mit dem Titel Menopause von Dr. Miriam Stoppard Copyright 1994 veröffentlicht.

Gedruckt auf alterungsbeständigem Papier mit chlorfrei gebleichtem Zellstoff.

# INHALT

# Einleitung

Viele von uns Frauen empfinden die Wechseljahre als einen psychologischen, emotionalen, intellektuellen und körperlichen Wendepunkt, aber es bedeutet nicht den Anfang vom Ende. Wenn Ihre Kinder das Haus verlassen und Sie sich auf eine geringere Arbeitsbelastung freuen, werden Sie mehr Zeit für sich haben. Nutzen Sie die Gelegenheit, Ihr Leben neu zu gestalten und manche positive Veränderung in Gang zu setzen.

Wenn die Menopause beginnt, lässt die Funktion der Eierstöcke nach, und es entsteht ein plötzlicher Abfall unserer weiblichen Hormone Östrogen und Progesteron, was letztendlich zum Ausbleiben der Menstruation führt. Etwa drei Viertel aller Frauen spüren gewisse Beschwerden, die im Zusammenhang mit dem niedrigeren Östrogenspiegel stehen, aber alle diese Beschwerden sind behandelbar. Es besteht kein Anlass, weshalb sich Frauen in den Wechseljahren abseits gedrängt fühlen müssten oder sich mit einer molligeren Figur abfinden sollten. Gesunde Ernährung und regelmäßige Bewegung helfen uns, unsere Figur und unser Selbstvertrauen zu behalten und zu stärken.

Zu den kurzfristigen Symptomen der Wechseljahre zählen Hitzewallungen, Nachtschweiß und der Verlust der Libido, Beschwerden, die manche Frauen zehn und mehr Jahre erleiden. Zu den langfristigen Symptomen gehören das Dünnerwerden und langsame Austrocknen des Urogenitalgewebes einschließlich des Vaginalgewebes. Glücklicherweise sind diese Symptome nicht gefährlich und lassen sich gut therapieren. Jedoch birgt die Menopause auch Gesundheitsgefahren, die wie Zeitbomben in unserem Körper ticken. Dazu zählt vor allem die Osteoporose, der Knochenschwund. Eine von vier Frauen, die wegen eines Oberschenkelhalsbruches eingeliefert wird, verlässt das Krankenhaus nicht mehr. Deshalb ist es so wichtig, dass wir vor dieser Krankheit geschützt werden. Östrogen senkt die Cholesterinwerte im Blut und schützt uns somit vor Herz- und Kreislauferkrankungen, Infarkten und Schlaganfällen. So gesehen sind Östrogene wahre Lebensretter.

Die gute Nachricht ist also, dass eine HET, eine Hormonersatztherapie, alle menopausalen Beschwerden lindern. Es gibt eine Vielzahl unterschiedlichster Darreichungsformen von Tabletten und Pflastern über Salben, Pessare bis hin zu Implantaten. Fast jede Frau kann heute eine ihr gemäße HET ohne Nebenwirkungen finden – unter der Voraussetzung, dass die HET auf sie maßgeschneidert zugeschnitten ist. Darüber hinaus gibt es viele ergänzende Verfahren der Alternativmedizin.

## GANZHEITLICHER ANSATZ

Jede Diskussion über die Menopause führt zu Kontroversen. Obwohl 98 Prozent der Beschwerden durch eine HET gelindert werden können, ist eine HET alleine nicht immer ausreichend, um eine Beschwerdenvielfalt zu heilen, die emotionale Ursachen haben kann: eine Veränderung der Familienstruktur, der Verlust des Selbstvertrauens oder Probleme mit einem Partner, der gerade selbst eine Lebenskrise durchlebt. Die Menopause betrifft eben jede Faser unseres Körpers, und dementsprechend müssen wir unsere Therapien danach aussuchen, passend für unser Wohlbefinden. Unsere Ernährung, unsere Bewegung, Entspannung, Yoga, die Einnahme von Vitamin- und Mineralpräparaten sowie alle Veränderungen, die wir für hilfreich erachten, ergeben ein Gesamtbild; jede der alternativen Therapien hat ihre eigenen Vorzüge.

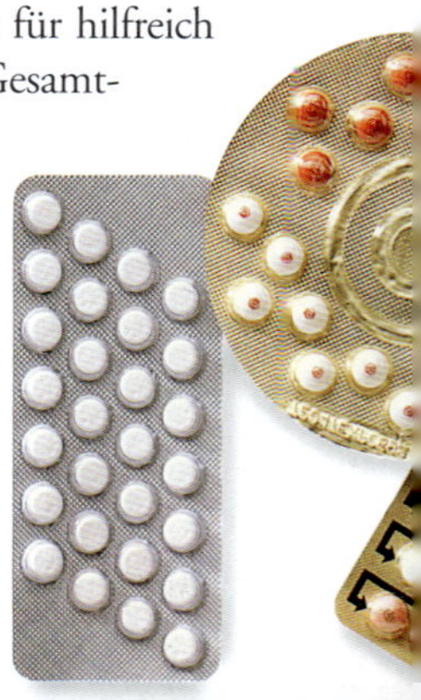

**Tabletten**
Diese Form von HET lindert menopausale Beschwerden und schützt auch gegen Knochenschwund.

Immer wieder heiß diskutiert werden die beiden Fragen: „Ist die Menopause eine Hormonmangelkrankheit?“ und daraus folgend „Sollte jede Frau auf Wunsch Zugang zu einer HET haben?“ Die erste Frage ist die Kernfrage schlechthin. Sollte Ihre Antwort, wie meine, „Ja“ heißen, dann bedeutet dies konsequenterweise ein Bejahen der HET. Schließlich bestreitet auch keiner die Notwendigkeit täglicher Insulininjektionen bei insulinpflichtigem Diabetes.

Einige Mediziner vertreten die Ansicht, es bestehe während der Wechseljahre kein Hormonmangel, weil der Körper geringe Mengen Östrogens in den Fettzellen und bei körperlicher Belastung produziere. Doch diese Mengen sind, im Vergleich zu der Hormonproduktion vor der Menopause, viel zu gering. Wenn der Östrogenspiegel unter eine bestimmte Grenze absinkt, entstehen Beschwerden wie Hitzewallungen oder vermehrter Harndrang und eine Abnahme der Knochendichte. Es stellt sich dann die Frage, ob diese Beschwerden behandelt werden sollen. Ich meine ja. Auch wenn andere Therapieformen helfen können, so bietet nur eine gezielte HET 90 Prozent und mehr Erfolgschancen.

## „NATÜRLICHE“ WECHSELJAHRE?

„Die Menopause ist ganz natürlich und man sollte nicht eingreifen“. Nein, sie ist nicht natürlich. Selbst wenn sie natürlich wäre, sollte man sich hüten, ihre Folgen zu übersehen. Die Menopause ist ein Fehler der Natur. Frauen sind nicht dazu gemacht, auf Östrogene zu verzichten. Früher war die Lebensdauer einer Frau auf die fruchtbaren Jahre beschränkt. Bis zum Ende des 19. Jahrhunderts lebten die meisten Frauen nicht lange genug, um die Wechseljahre zu erleben. Nur weil wir heute in der Lage sind, 30 und 40 Jahre über die Menopause hinweg zu leben, müssen wir aber nicht den Preis von Knochenschwund oder Herz-Kreislauferkrankungen zahlen, wenn doch beidem mittels einer HET einfach vorzubeugen ist. Vorbeugen ist immer besser als Behandeln. Warum sollten wir auf eines der wirksamsten Mittel der Präventivmedizin verzichten?

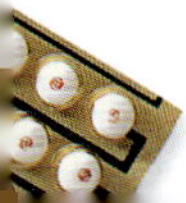

Ebenfalls zum Mythos von der Natürlichkeit der Wechseljahre gehört, dass die Menopause ein Teil des Gesamtalterungsprozesses sei. Das stimmt nicht! Sie ist das Ergebnis einer Eierstockfehlfunktion. Männer erfahren keinen vergleichbaren Rückgang ihres Hormonspiegels und es ist einfach ungerecht zu erwarten, dass Frauen einen solch fundamentalen, plötzlichen Entzug ihrer Geschlechtshormone einfach so hinnehmen sollten.

Die tiefgreifende hormonelle Umstellung während der Menopause kann zu einschränkenden kurzfristigen und gar lebensbedrohenden langfristigen Erkrankungen führen. Auf jedem anderen Gebiet behandeln Mediziner Fehlfunktionen des Körpers – warum sollte ausgerechnet die Menopause davon ausgeschlossen werden?

Es herrscht immer noch Uneinigkeit darüber, welche Frau eine HET machen kann. Alarmierende Geschichten kursieren über HET als Verursacher von Brustkrebs, Gebärmutterkrebs und Blutgerinnseln. Deshalb werden vielfach Frauen mit einem Risikofaktor erhöhter Gerinnungsbereitschaft des Blutes vor einer HET gewarnt. In der Tat gibt es, außer bei Gebärmutterkrebs, bislang noch keine Studien über einen Zusammenhang zwischen HET und solchen Erkrankungen. Warnungen wurden indirekt aus

Studien über die Folgen einer hormonellen Empfängnisverhütung abgeleitet, wobei zu bedenken ist, dass es sich bei einer HET hauptsächlich um Ersatz durch natürliche Hormone handelt, was bei Kontrazeptiva selten der Fall ist. Die Verbindung zwischen HET und Gebärmutterkrebs basiert auf Egebnissen amerikanischer Therapien, die eine ausschließliche Verabreichung von Östrogen vorsehen, während man in Europa seit langem Östrogene sowie Progesterone ersetzt. Eine kombinierte HET aus Östrogen und Progesteron birgt kein Krebsrisiko, wie europäische Wissenschaftler schon vor zwanzig Jahren nachwiesen.

## HET FÜR ALLE FRAUEN?

Aufgrund rechtlicher Vorgaben enthalten die Beipackzettel der Pharmaunternehmen lange Listen möglicher Gegenanzeigen zur Einnahme von HET. Bei meiner gründlichen Durchsicht der HET-Literatur habe ich keine definitive Gegenanzeige für die HET gefunden. In Zusammenarbeit mit dem Arzt oder Gynäkologen wird sich mit einer individuellen HET eine Lösung für fast alle Probleme finden können.

Sogar im Fall einer vorhergegangenen Brustkrebserkrankung kann eine HET Wechseljahrsbeschwerden lindern bei gleichzeitigem geringstem Risiko. Ein einfühlsamer Arzt wird das Verhältnis von Risiko und Nutzen genau gegeneinander abwägen und die Frau hinsichtlich einer HET verantwortlich beraten. Der Grad der menopausalen Beschwerden und die dadurch bedingte Beeinträchtigung der Lebensqualität der Frau müssen den möglichen Risiken einer HET gegenüber gestellt werden. So werden sich einige Frauen trotz eines theoretischen Risikos für eine HET entscheiden – ein Risiko, das durch die optimale Dosierung und Darreichungsform minimiert werden kann. So kann die lokale Verabreichung von Östrogen als Creme oder Pessar im Vaginalbereich die Störung der sexuellen Erlebnisfähigkeit gut wiederherstellen, ohne dass die Brüste von dieser Art der Hormonzufuhr beeinflusst werden. Manche Frauen werden sich für ein Progesteronpräparat entscheiden, welches keine Nebenwirkung auf die Brüste hat (siehe S. 49). Derzeit laufen einige Studien, um die Wirksamkeit und Sicherheit von geringen Tamoxifenzusätzen zur HET bei Frauen mit Brustkrebs zu untersuchen. Tamoxifen wird Frauen in der Phase der Prämenopause bei der Behandlung von Brustkarzinomen verabreicht.

Es gibt keinen Grund mehr, weshalb Ärzte ihren Patientinnen eine HET verweigern oder es ablehnen, die Nutzen-Risiko-Frage einer HET genauestens mit ihnen zu diskutieren. Nicht alle Frauen brauchen Östrogen, ich bin jedoch fest davon überzeugt, dass alle Frauen neben der Aufklärung über HET auch die Wahl haben – ja sogar das Recht haben sollten, eine HET vier Monate lang auszuprobieren. Es gibt bei einer solch kurzen Hormongabe kein Risiko, nichts zu verlieren, aber alles zu gewinnen. Nach diesen vier Monaten kann jede Frau selbst beurteilen, ob die HET ihr Leben verbessert hat oder nicht.

Wir haben es nicht nur ermöglicht, dass allen Frauen eine HET zugänglich ist, sondern auch eine Gruppe von Frauen definiert, die eine HET geradezu brauchen, Frauen, deren Lebenserwartung durch eine HET verlängert wird. Jede Frau, die in der Vergangenheit Steroide eingenommen hat, einen Herzinfarkt erlitten oder in deren Familie Herzerkrankungen vorgekommen sind, kann sich durch eine gezielte HET schützen. Sollten Sie zu dieser Gruppe gehören, sollten Sie von Ihrem Arzt oder Ihrer Ärztin eine Hormonersatztherapie verlangen!

1

Kapitel

# Was bedeutet Menopause?

Wenn das Heranreifen der Eizellen in den Eierstöcken nachlässt, beginnen die beiden Hormone Östrogen und Progesteron zu schwinden. Dies stellt den Wendepunkt im Leben einer jeden Frau dar – das Ende der Monatsblutungen, mit ihren weitreichenden Wirkungen auf den gesamten Körper. Wechseljahrsbeschwerden werden größtenteils aufgrund des plötzlichen Östrogenabfalls empfunden. Wenn dieser Störung mit einer HET begegnet wird, begleitet von gesunder Ernährung und Bewegungsausgleich, so werden Ihre Knochen stark bleiben, Ihre Haut und Haare geschmeidig, Sie werden Ihre Figur behalten und vor allem eine positive Lebenseinstellung.

## MENOPAUSE UND KLIMAKTERIUM

*Um den Unterschied zwischen Menopause und Klimakterium zu verstehen, ist es hilfreich, die Menopause als Gegenstück zur Menarche zu begreifen – also dem Zeitpunkt, zu dem Ihre Menstruation einsetzte. Das Klimakterium kann mit der Pubertät verglichen werden, als Ihre Eierstöcke zu reifen und zu arbeiten begannen. Die folgenden Punkte klären die Unterschiede zwischen Menopause und Klimakterium.*

***Menopause ...***

- *vergleichbar der Menarche,*
- *ein einmaliges biologisches Ereignis,*
- *Ausbleiben der Menstruation,*
- *tritt gewöhnlich zwischen dem 48. und 52. Lebensjahr ein.*

***Klimakterium ...***

- *vergleichbar der Pubertät,*
- *hormonelle Umstellung,*
- *die Übergangsphase, wenn die Eierstockfunktion und die Hormonproduktion nachlassen,*
- *umspannt gewöhnlich das Alter von 40 bis 60.*

# WAS GESCHIEHT IN UNSEREM KÖRPER?

Das Ende der fruchtbaren Jahre bedeutet nicht notwendigerweise neue Einschränkungen und körperlichen Abbau. Unsere Möglichkeiten können zunehmen, statt abzunehmen. Halten Sie sich stets Folgendes vor Augen:

- Sich gut zu informieren und sich so auf die Wechseljahre und die Menopause vorzubereiten, hilft Ihnen, die Beschwerden besser zu bewältigen.
- Sie haben genau so viel Sympathie und Verständnis von Ihrem Partner und Ihrer Familie verdient wie in allen anderen Lebensphasen.
- Der Alterungsprozess beschleunigt sich nicht plötzlich nach der Menopause.
- Die Wechseljahre sind nichts Unaussprechliches! Wenn Sie Beschwerden haben, sprechen Sie offen darüber, umso mehr helfen Sie, Tabus abzubauen.
- Sie haben das Recht, diese Lebensphase, wie alle anderen Lebensphasen, selbst zu gestalten. Wenn Sie sich nicht auf Medikamente und Ärzte verlassen wollen, tun Sie es nicht. Es gibt viele andere Möglichkeiten: Entspannungs- und Meditationstechniken oder auch Ernährungumstellungen, mit denen Sie die Beschwerden gut sowie effektiv in den Griff bekommen können.
- Auch wenn der Östrogenspiegel sinkt, behalten Sie Ihre sexuelle Erlebnisfähigkeit und können diese sogar noch steigern. Die Menopause ist kein Stadium der sexuellen Enthaltsamkeit.
- Es gibt keine bessere Zeit als diese, um sich neuen Projekten und Hobbys zu widmen oder vielleicht auch eine zweite Karriere zu beginnen.
- Sie sollten sich so früh wie möglich um Ihre finanzielle Absicherung im Ruhestand kümmern – es könnten Ihre kreativsten Jahre werden! Eine Finanzplanung hilft Ihnen, Ihr Leben im Alter zu erleichtern.
- Weiblichkeit hängt nicht von Fruchtbarkeit ab. Die Wechseljahre sind nicht der Anfang vom Ende, sondern der Beginn vom Rest unseres Lebens.

## DER ZEITPLAN DER MENOPAUSE

Um die Vorgänge der Wechseljahre zu verstehen, müssen wir die medizinische Terminologie verstehen lernen (siehe Randspalte links). Meistens wird der Begriff Menopause falsch verwendet.

Streng genommen bedeutet Menopause das Ende der Menstruation, also im Grunde nur ein kurzer Moment. Die Bezeichnung Klimakterium, zu Deutsch Wechseljahre, ist korrekt, da es sich auf die 15 bis 20 Jahre der körperlichen Veränderung – Abnahme der Eierstockfunktion sowie Hormonproduktion und die Reaktion des Körpers – bezieht. Das Wort Klimakterium stammt aus dem Griechischen und bedeutet wörtlich: „die Sprossen einer Leiter".

## DAS KLIMAKTERIUM

Das Klimakterium wird in drei Phasen eingeteilt: die Prä-, Peri- und Post-Menopause (deutsch: vor, während, nach). Die Menopause ist der Zeitpunkt zwischen dem Ende der Prä-Menopause und dem Beginn der Post-Menopause.

**Die Prä-Menopause** Dies sind die Jahre, in denen unser Zyklus regelmäßig verläuft, unsere fruchtbaren Jahre. Der Begriff Prä-Menopause wird jedoch manchmal auch lediglich für den Zeitraum verwendet, in dem unser Zyklus beginnt unregelmäßig zu werden, also ungefähr ab dem 40. Lebensjahr. Wenn Ihnen Ihr Arzt sagt, Sie seien in der Prä-Menopause, fragen Sie ihn unbedingt nach seiner genauen Definition dieses Begriffs.

**Die Peri-Menopause** Dies ist die Zeit einige Jahre vor sowie einige Jahre nach Ihrer letzten Menstruation. Der Beginn dieser Phase lässt sich also nur im Nachhinein feststellen. Wenn Ihre Menstruation endgültig ausgeblieben ist, müssen Sie auf ungefähr zwei Jahre davor zurückblicken. So gewinnen kleinere Symptome und Beschwerden, denen man unter Umständen kaum Beachtung geschenkt hat, in diesem Zusammenhang gesehen, eine ganz andere Bedeutung. Während der Phase der Peri-Menopause erleben wir die meisten physischen Veränderungen: die Menstruation wird unregelmäßig, Hitzewallungen und nächtliches Schwitzen setzen ein.

**Die Menopause** Die letzte Menstruation wird als Menopause bezeichnet. Es ist wiederum ein Zeitpunkt, den man erst im Nachhinein bestimmen kann. Wenn Ihre letzte Blutung mindestens zwölf Monate ausgeblieben ist, bedeutet das: die Menopause war vor einem Jahr. Mit anderen Worten, keine Frau kann genau wissen, wann ihre Menstruation nun die letzte ist, also die Menopause. Eine sichere Vorhersage ist somit unmöglich.

## LÄSST SICH DIE LETZTE PERIODE VORHERSAGEN?

***Die meisten Frauen nehmen an, dass sie ihre letzte Menstruation um die 50 erleben werden, obwohl das Durchschnittsalter für die Menopause in Großbritannien beispielsweise bei 51 Jahren liegt.***

*Etwa ein Drittel aller Frauen erlebt die Menopause vor dem 45. Geburtstag, was nicht ungewöhnlich sein muss. Demgegenüber finden sich aber genau so viele Frauen, die bis in ihre frühen oder auch mittleren 50er hinein menstruieren. Studien in den USA berichten, dass 90 Prozent der Frauen ihre natürliche Menopause bis zum Alter von 54 erleben – bis zum Alter von 58 dann 100 Prozent aller Frauen.*

*Obwohl es keine Methode gibt, den exakten Zeitpunkt der Menopause vorherzusagen, gibt es einige Faktoren, die ihn beeinflussen. So wird angenommen, dass der Zeitpunkt des Beginns der Menstruation den Zeitpunkt des Aufhörens mitbestimme – darüber gibt es jedoch keine eindeutigen wissenschaftlichen Aussagen. Das Gleiche gilt auch für den möglichen Zusammenhang zwischen dem Zeitpunkt der mütterlichen Menopause und dem ihrer Töchter.*

*Zwei Faktoren, die den Zeitpunkt definitiv nicht beinflussen, sind: ob Sie hormonelle Verhütungsmittel, sprich die Pille, eingenommen haben oder nicht, und wie alt Sie zur Geburt Ihres ersten und letzten Kindes waren.*

## FETTVERTEILUNG VOR DER MENOPAUSE

***Während unserer fruchtbaren Jahre sind die Hormone Östrogen und Progesteron verantwortlich für die weibliche Figur mit schmaler Taille und gerundeten Hüften. Wir wissen, dass diese Proportionen mehr sind als nur der sichtbare Ausdruck weiblichen Geschlechts, sie sagen auch etwas über die Lebenserwartung aus.***

*Die schlanke Taille und die runden Hüften geben Auskunft über die Gesundheit unserer Herz-gefäße. Gewöhnlich liegt das Verhältnis von Taillen- und Hüftumfang unter 1 und ist mit einem geringen Herzinfarktrisiko verbunden. Steigt das Verhältnis jedoch über die Grenze von 0,8, erhöht sich das Risiko deutlich* *(siehe S. 31).*

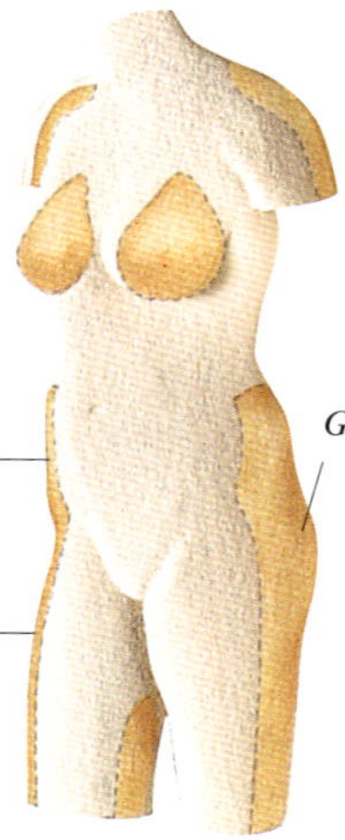


**Verteilung der Fettzellen** In den fruchtbaren Jahren lagert sich das Fett (gelb) vor allem an den Hüften, Oberschenkeln und am Po an.

**Die Post-Menopause** Diese Phase beschreibt die Zeit von der Peri-Menopause über die eigentliche Menopause hinaus bis zum Ende unseres Lebens.

## VERÄNDERUNGEN DES MONATSZYKLUS

Ich möchte dieses Kapitel gerne damit beginnen, was in den Wechseljahren nicht passiert beziehungsweise nicht unbedingt passieren muss. Nur selten werden die vielen falschen Mythen, die sich um die Wechseljahre ranken, offen angesprochen und korrigiert, wie es auch Gail Sheehy in ihrem Buch „The Silent Passage“ ausführt. Das erste Vorurteil, das ich aufbrechen möchte, ist, dass das Klimakterium und die Menopause Krankheiten seien. Sie sind es nicht! Man sollte sich in den Wechseljahren genau beobachten, um Probleme zu vermeiden, um Unnormales zu korrigieren und um Komplikationen zu behandeln, aber eine Krankheit sind diese Phänomene nicht genauso wenig wie eine psychologische Krise. Es mag eine Veränderung sein, aber wir erleben viele Veränderungen in unserem Leben und kommen damit zurecht. Wenn man zurückblickt, so war manche Veränderung auch eine positive Chance und wir haben neue Prioritäten in unserem Leben gesetzt. Die Wechseljahre läuten nicht das Alter ein – sie sind einfach ein Teil des normalen Lebenszyklus. Mit der Menopause verlieren wir weder unsere Weiblichkeit noch unsere Attraktivität. Weit gefehlt! Mit zunehmenden Jahren gewinnen wir sogar an Weisheit und Selbstvertrauen und damit an neuen Reizen und Sexappeal.

Wir wissen, dass die Menopause schon bei sehr jungen Frauen auftreten kann, doch dies ist die Ausnahme. Das Durchschnittsalter liegt in der westlichen Welt bei 51 Jahren. Das Klimakterium – also die Zeitspanne vom ersten Auftreten der Wechseljahrsbeschwerden bis zu deren Verschwinden – dauert durchschnittlich sieben Jahre. Während dieser Zeit verändert sich der Monatszyklus, er wird unregelmäßiger, und letztendlich wird die Menstruation aufhören und wir erleben die Menopause.

Die Veränderungen des Zyklus variieren von Frau zu Frau. Bei manchen verkürzt sich der Zyklus, Blutungen im Abstand von 20 Tagen sind nicht ungewöhnlich; andere Frauen werden seltener menstruieren, und die Abstände zwischen den Blutungen werden länger, manchmal liegen bis zu sechs Monate dazwischen. Die Blutungen selbst werden schwächer oder aber auch stärker – es ergeben sich verschiedene Erscheinungsbilder: die

Blutungen werden seltener aber stärker oder häufiger, dabei aber schwächer. Schwächere, weniger häufige Blutungen sind am häufigsten zu beobachten.

Etwa neunzig Prozent aller Frauen, deren Blutungen länger als sechs Monate ausbleiben, werden nicht wieder menstruieren. Manchen Frauen erleben Phasen des nicht Blutens und Phasen des unregelmäßigen Blutens im Wechsel über einige Jahre hinweg. Es gibt offensichtlich kein festes Schema für den Verlauf wie auch das „Aussehen" der Wechseljahre.

## DER SINKENDE HORMONSPIEGEL

Wenn Sie bisher einen regelmäßigen Zyklus hatten, folgten Ihre Eierstöcke bei der Produktion von Östrogen und Progesteron einem verlässlichen Rhythmus. Mit Beginn des Klimakteriums wird sich Ihr Zyklus verändern und spiegelt die Schwankungen der Östrogenproduktion wider. Die Östrogenproduktion während der ersten beiden Zykluswochen wird beständig sinken, weil immer weniger Follikel zum Reifen angeregt werden. Hinzu kommt, dass der Vorrat an Eiern in den Eierstöcken zur Neige geht; daher sinkt auch die Wahrscheinlichkeit eines Eisprungs. Kommt es zu einem Eisprung, so ist eine Empfängnis unwahrscheinlicher, da auch die Qualität der Eier zurückgeht.

Fehlt der Eisprung, fehlt auch ein leeres Follikel, in dem sich der Gelbkörper bilden kann, der das Progesteron produziert. Als Konsequenz stimuliert das Östrogen das Wachstum des Versorgungsgewebes in der Gebärmutter. Ohne das Gegengewicht des Progesterons wird diese Gewebeschicht immer dicker, bis sie unter heftigen Blutungen ausgestoßen wird.

Etwa ab dem 35. Lebensjahr lässt die Regelmäßigkeit des Menstruationszyklus langsam nach. Bereits mit Ende 30 haben viele Frauen nicht mehr in jedem Zyklus einen Eisprung, was den Hormonspiegel sinken lässt. Dies führt zu den ersten Wechseljahrerscheinungen (siehe S. 24–34). Fällt die Östrogenproduktion unter ein bestimmtes Niveau, so bleibt die Blutung aus.

Dem steten Abnehmen der Hormonproduktion versucht der Körper durch vermehrte Ausschüttung zweier anderer Hormone entgegenzuwirken: dem follikel-stimulierenden Hormon FSH sowie dem luteinisierenden LH, die beide von der Hirnanhangdrüse produziert werden. Den Anstoß dazu gibt der Hypothalamus, eine Steuerungseinheit in unserem Gehirn. Die Eierstöcke reagieren allerdings trotz des hohen Hormonspiegels nicht immer konsequent, und so können sich Phasen des normalen Zyklus mit Eisprung mit jenen ohne Eisprung und be-

### FETTVERTEILUNG NACH DER MENOPAUSE

***Wenn nach der Menopause die Östrogen- und Progesteronwerte absinken, bemerken viele Frauen plötzlich, dass ihre Taille und ihr Bauch dicker werden und sie die mollige Figur der Lebensmitte bekommen.***

*Fettzellen lagern sich nun häufig an der Vorderseite des Unterleibes an und die Figur beginnt der eines Mannes zu ähneln. Gleichzeitig steigt mit der zunehmenden Fetteinlagerung auch das Herzinfarktrisiko .*

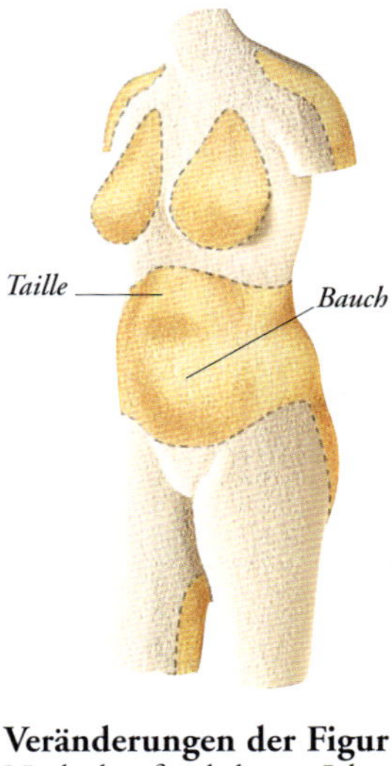


**Veränderungen der Figur**
Nach den fruchtbaren Jahren lagert sich das Fett (gelb) bevorzugt an der Taille, dem Bauch und den Brüsten an.

## DER NORMALE MENSTRUATIONS-ZYKLUS

***In der ersten Hälfte des Menstruationszyklus wird in ansteigendem Maße Östrogen von den heranreifenden Follikeln ausgeschüttet.***

*Nach dem Eisprung ändert sich der Follikel, der von diesem Ei zurückgelassen wird, ins Corpus luteum, das Progesteron und Östrogen produziert. Die Blutung tritt ein, wenn die Östrogen- und Progesteronspiegel fallen.*

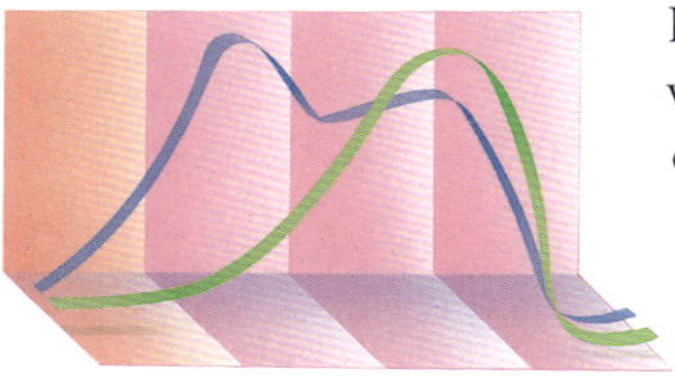


schwerlichem Östrogenmangel abwechseln. Hohe FSH- und LH-Spiegel können unter Umständen Störungen des Stoffwechsels verursachen, einschließlich des Hirn- und Knochenstoffwechsels, des Fettstoffwechsels, der Schilddrüsenfunktion und des Blutzuckerspiegels, alle verbunden mit Stimmungsschwankungen.

## WIRKLICH EIN HORMONMANGEL?

Manche Ärzte betrachten die Menopause als einen natürlichen Prozess und damit auch jedes Eingreifen als unnatürlich wie unnötig. Wenngleich auch ich glaube, dass die Wechseljahre ein natürlicher Teil des weiblichen Lebens sind, so glaube ich aber gleichfalls, dass sie ein Stadium tatsächlichen Hormonmangels sind. Genauso wie ein Mangel an körpereigenem Insulin Diabetes verursacht, kann eine unzureichende Versorgung mit weiblichen Hormonen Krankheiten wie Osteoporose oder Herz- und Kreislauferkrankungen hervorrufen. Und genauso wie es überhaupt keine Frage ist, dass Diabetes behandelt werden muss, sollten Frauen das Recht haben, ihre klimakterischen Beschwerden behandeln zu lassen.

Der weibliche Körper produziert Östrogen in zwei verschiedenen Formen: Östradiol und Östron. Die Werte beider Hormone sinken schon lange vor dem Auftreten der ersten typischen Wechseljahrssymptome. Zum Ausgleich steigt der FSH-Spiegel im Blut, ein klares Anzeichen für das beginnende Klimakterium. Frauen steht zu jeder Phase der Wechseljahre eine Hormonersatztherapie (HET, siehe S. 43–60) offen. Zumindest sollten ihnen Hormongaben verabreicht werden, die den dramatischen Rückgang der Hormone erträglich machen. Doch auch die langfristigen Folgen sind ernsthaft zu bedenken. Hormongaben helfen uns vor den lebensbedrohlichen Krankheiten wie beispielsweise Osteoporose zu schützen (siehe S. 70–76).

In verschiedenster Weise beeinflussen Östrogen und Progesteron jedes Organ unseres Körpers. Allein auf die Zellen hat Östrogen 400 verschiedenen Wirkungen. Praktisch jedes wichtige Gewebe verfügt über Östrogenrezeptoren zur Aufnahme des Hormons, das den Körper gesund und funktionsfähig hält. Schwankt der Hormonspiegel, können wir dies an unserem Körper ablesen. Das Absinken des Hormonspiegels am Ende des Zyklus macht sich vor Einsetzen der Menstruationsblutung beispielsweise durch Stimmungsschwankungen und Wassereinlagerung im Gewebe bemerkbar. Wenn Ihr Menstruationszyklus in etwa dem Mondzyklus folgt, also 28

Tage, so erleben Sie 13-mal im Jahr den Zustand des relativen Hormonmangels. Das entspricht einer kleinen Menopause jeden Monat und erklärt die von uns vielfach empfundenen prämenstruellen Spannungen.

Normalerweise sind wir uns der körperlichen Veränderungen aufgrund schwankenden Hormonspiegels kaum bewusst. Wir denken lediglich darüber nach, wenn unsere Gesundheit beeinflusst ist und wir Beschwerden wie Muskel- oder Knochenschmerzen oder Gelenksteifheit verspüren. Es ist Teil unseres weiblichen Erbes, dass wir eine Reihe von Symptomen einfach als gegeben hinnehmen, Symptome, die auf wechselnden Hormonniveaus beruhen.

Während des normalen Menstruationszyklus spielt das Östrogen in Form von Östradiol die Hauptrolle. Es wird von den heranreifenden Follikeln im Eierstock produziert. Nach der Menopause übernimmt das Östron die Hauptrolle – es wird in den Fett- und Muskelzellen produziert und durch das männliche Hormon Androstendion synthetisiert, welches nach der Menopause von den Eierstöcken und den Nebennieren ausgeschüttet wird. Da Östron nach der Menopause nicht mehr zyklisch produziert wird, schwankt folglich auch die Ausschüttung nicht so stark wie bei Östradiol. Das heißt, Östron ist biologisch weniger aktiv als Östradiol, was zu einem Übergewicht an männlichen Hormonen in unseren Körper führen kann.

Die dafür sichtbarsten Anzeichen sind Haarausfall und Glatzenbildung sowie eine stärkere Gesichtsbehaarung und insbesondere die Tendenz zur Gewichtszunahme im Taillen- wie auch im Bauchbereich (in den prämenopausalen Jahren lagern sich die Fettdepots eher an den Hüften als am Bauch ab). Die entscheidenden Gefahren jedoch sind unsichtbar: das erhöhte Risiko der Herzkranzgefäßerkrankungen. Die Statistik für Frauen rückt nun bedenklich in die Nähe der Statistiken für Männer. Eine Hormonersatztherapie wird diese Gefahr mindern können.

## WIE SICH UNSER KÖRPER VERÄNDERT

Manche Frauen empfinden die Wechseljahre deswegen so beunruhigend, weil sich ihr Körper verändert, sie sozusagen einfach im Stich lässt, ohne dass sie zunächst begreifen, warum und wieso. Sie werden besser mit diesen Veränderungen umgehen können, wenn Sie ein Verständnis dafür entwickelt haben, wie und warum sich unser Körper verändert und was sich davon vermeiden lässt.

### DIE MENOPAUSALE PHASE

***Bis zur Menopause werden Progesteron und Östrogen üblicherweise in einem 28-Tage-Zyklus produziert (siehe Randspalte S. 14). Kommt es in der Lebensmitte immer seltener zum Eisprung, wird auch die Hormonproduktion schwankend.***

*Setzt in einem Zyklus die Progesteronproduktion aus und damit auch die Menstruation, spüren wir die typischen Wechseljahrsbeschwerden.*

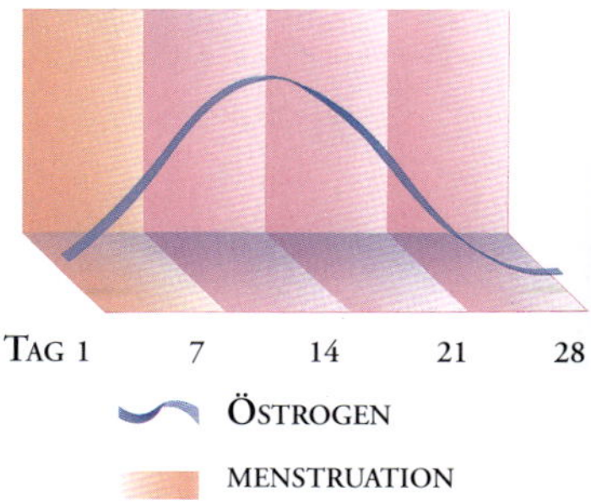

## POST-MENO-PAUSALE PHASE

***Haben die Blutungen aufgehört, sind immer noch geringe Mengen an Östrogen vorhanden. Es entsteht vor allem über die Fettzellen aus dem männlichen Hormon Androstendion.***

*Wegen des fehlenden Eisprungs entwickelt sich kein Corpus luteum – es fehlt Progesteron. Jede Blutung, die nach der Menopause auftritt, gilt als unnormal – es sei denn, Sie nehmen eine HET.*

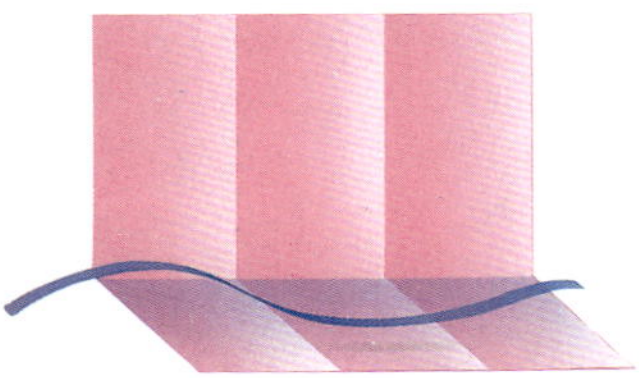


## DAS UROGENITALGEWEBE

Die Zellen des Harnleiters und der Vagina verfügen über Östrogenrezeptoren, die das Östrogen binden und das Gewebe somit gesund und elastisch halten. Wenn der Östrogenspiegel in den Wechseljahren sinkt, führt dies zu einer verminderten Blutzufuhr zum Gewebe und zu verminderter Zellstärke. Das wiederum bewirkt eine Änderung des pH-Werts in der Vagina von üblicherweise saurem zu nun alkalischem Milieu. Die Folgen sind Reizungen, Juckreiz und Entzündungen. Ähnliche Veränderungen vollziehen sich ebenfalls im Gewebe des Harnleiters, wodurch es zu verstärktem und häufigem wie auch beschwerlichen Harnlassen kommen kann. Eine lokale Behandlung mit östrogenhaltiger Creme kann helfen, diese Beschwerden zu lindern und zu heilen. Urogenitale Symptome sprechen aber auch auf andere Darreichungsformen einer HET an.

## DIE GEBÄRMUTTER

Die Gebärmutter, der Uterus, besteht aus einem glatten weichen Muskel, der innen mit einer Schleimhaut, dem Endometrium, ausgekleidet ist. Diese Schicht enthält zahlreiche Drüsen und Blutgefäße und wird nach dem monatlichen Aufbau zum Ende des Zyklus abgestoßen – außer in der Schwangerschaft. Bei der Hälfte aller Frauen atrophiert, das heißt, verdünnt sich diese Schleimhaut im Laufe der Wechseljahre. Die Dicke dieser Schicht hängt immer mit der Menge des Östrogens zusammen, ganz gleich ob körpereigenes Östrogen oder künstlich (aus männlichen Geschlechtshormonen gewonnen) zugeführtes im Rahmen einer HET.

## DIE EILEITER

Während der fruchtbaren Jahre sind heftige wellenförmige Bewegungen der Eileiter zu beobachten. Sie dienen dazu, einerseits das Ei zur Gebärmutter und andererseits die Spermien in Richtung Ei zu bewegen. Nach der Menopause und mit dem Absinken des Östrogenspiegels verändert sich die Zellstruktur der Eileiter, wodurch sie unbeweglich werden. Zum Glück zeigen diese Veränderungen keinerlei Wirkung auf unser allgemeines Wohlbefinden und unsere Fitness.

## DIE EIERSTÖCKE

Mit dem Beginn der Wechseljahre geht die Anzahl der Eier in den Eierstöcken zur Neige. Dies bedeutet, dass die Eisprünge nicht mehr in einem 28-Tage-Rhythmus stattfinden. Dies wiederum resultiert in schwindender Östrogenproduktion und dem Erleben der ersten Beschwerden, wie Nachtschweiß und Hitzewallungen. Reift nach der Menopause kein Ei mehr heran und bleibt der Eisprung aus, wird logischerweise auch kein Corpus luteum gebildet (siehe Randspalte S. 14) und folglich kein Progesteron.

Die äußere Hülle der Eierstöcke, in der Östrogen und Progesteron während der fruchtbaren Jahre produziert wurde, wird dünner und faltig, die Eierstöcke schrumpfen insgesamt. Wie auch immer, der innere Kern der Eierstöcke bleibt jedoch auch nach der Menopause vollkommen funktionsfähig und schüttet Hormone aus, und zwar die männlichen Hormone Androstendion und Testosteron. Das Hormon Testosteron ist insbesondere für unsere Energie und Lebensbejahung zuständig. Leider begünstigt es aber gleichzeitig auch den Fettstoffwechsel und erhöht damit unser Risiko für Herz- und Kreislauferkrankungen (siehe S. 31–33). Kleine Mengen des Androstendion werden in den Fettzellen in das weibliche Hormon Östron (eine Östrogenform) verwandelt, das die Gewebestruktur des Beckenbodens, der Scheide, der Haut und der Haare schützt. Wenn Ihre Eierstöcke entfernt wurden, ist Ihnen somit eine wichtige Quelle für die Östrogenproduktion nach der Menopause verloren gegangen, und es ist wichtig für Sie, eine HET zu beginnen.

## DIE VAGINA

Mit dem Rückgang der Hormone werden auch die Wände der Vagina dünner und trocknen langsam aus – sie werden atrophisch. Wenngleich nicht alle Frauen gleich stark betroffen sind, so erleben viele doch eine eingeschränkte Drüsentätigkeit in der Schleimhaut der Scheide. Dadurch ist die Scheide nicht mehr so gut befeuchtet, das Scheidenmilieu empfindlich gestört und somit anfälliger für Infektionen, Verletzungen, Beschwerden und auch Blutungen während des Geschlechtsverkehrs. Diese vaginalen Beschwerden sind der Hauptgrund für das Nachlassen der Libido bei Frauen nach der Menopause. Hier kann man jedoch sehr gut mit östrogenhaltigen Salben oder östrogenhaltigen Vaginalpessaren helfen, so dass Sie auch wieder Freude am Sex haben können. Wissenschaftliche Untersuchungen bewiesen, dass Frauen, die auch nach der Menopause noch sexuell aktiv bleiben, wesentlich weniger mit solch atrophischen Vaginalbeschwerden zu kämpfen haben als Frauen, die enthaltsam leben beziehungsweise auch nicht masturbieren.

## DIE BECKENBODEN-MUSKULATUR

***Die Beckenbodenmuskeln stützen alle Beckenorgane wie auch den Enddarm, die Blase und die Scheide.***

*Ohne ausreichende Östrogenzufuhr lassen die Elastizität und Spannkraft dieser Muskeln nach, die Organe verlieren ihren Halt und rutschen nach unten. In schweren Fällen entwickelt sich ein Prolaps. Auch die sexuelle Empfindsamkeit der Scheide kann nachlassen. Ein frühzeitiges Training der Beckenbodenmuskulatur mit so genannten Kegel-Übungen kann diese Beschwerden bekämpfen (siehe S. 26).*

*Wenn die Wände der Vagina sehr dünn und erschlafft sind, besteht die Gefahr, dass der Enddarm, die Blase und der Harnleiter vor oder hinter die Vagina „fallen" (siehe S. 88–89). Solch ein Prolaps lässt sich durch eine HET vermeiden, es sei denn, der Prolaps entwickelte sich bei einer Geburt. Auch die lokale Behandlung mit Östrogensalbe oder Gel wird hier Abhilfe schaffen, und zwar ohne Nebenwirkungen.*

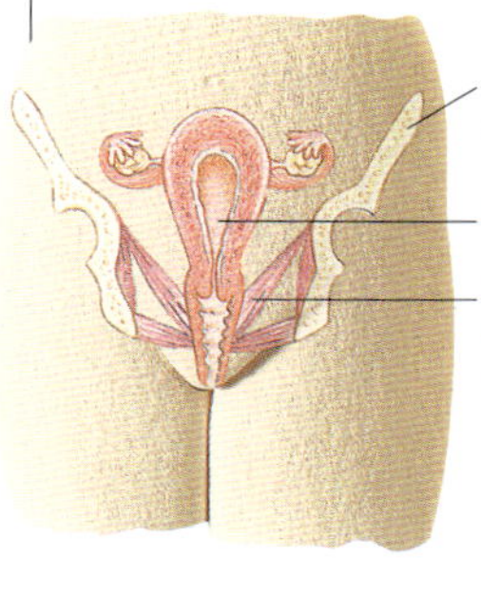

## DIE HAARE

***Das Wachstum, die Regeneration und Gesundheit jedes einzelnen Haares hängt von seiner Versorgung durch die Östrogenrezeptoren der Haarfollikel ab. Ist das Östrogenniveau niedrig, wird das Wachstum gestört.***

*Aus diesem Grund können sich Ihre Haare während der Wechseljahre verändern. Vielleicht bemerken Sie, dass Ihr Haar an Fülle und Geschmeidigkeit verliert, dass es dünner und schwerer zu frisieren wird. Diese Form des Haarverlusts dürfen Sie aber nicht mit dem kreisrunden, Alopecia genannten Haarausfall verwechseln oder gar der Glatzenbildung bei Männern. Beide Formen können jedoch auch bei Frauen vorkommen, die einen erheblichen Überschuss an männlichen Hormonen haben. Das Durchschnittsalter für den hormonell bedingten Haarverlust bei Frauen liegt bei etwa 60 Jahren. Derzeit gibt es noch keine Therapie.*

*Die andere große Veränderung der Haare ist der so genannte Hirutismus, ein übermäßiges Wachstum an Körperbehaarung. Leider wird sich eine vorhandene Gesichtsbehaarung mit zunehmendem Alter verstärken. Sollten Sie einen „Damenbart" entwickeln, so sollte Ihr Arzt zunächst die genaue Ursache herausfinden, bevor eine Behandlung erfolgen kann.*

## ÄUSSERE GENITALIEN

Alle Strukturen des äußeren Genitalbereichs, die Vulva, der Damm, die großen und kleinen Schamlippen verlieren an Festigkeit und Volumen. Der ganze Bereich wird dünner und flacher, der Harnröhrenausgang weiter und schlaffer, selbst der Damm wird dünner und trockener. All diese Veränderungen können zu Juckreiz und Infektionen führen, in schweren Fällen sogar zu recht starkem Wundsein, auch Pruritus vulvae (siehe S. 86–87) genannt. Die Wundheilung ist gerade in diesem Bereich beeinträchtigt. Östrogenhaltige Salben werden auch hier die Beschwerden angenehm lindern und den Heilungsprozess entscheidend beschleunigen.

## DIE BRÜSTE

Wenn wir älter werden, neigen unsere Brüste zum Erschlaffen und Flacherwerden — je voller die Brüste, um so flacher können sie unter Umständen werden. Durch das Absinken des Östrogenspiegels verliert das gesamte Gewebe des Körpers an Elastizität und Spannkraft, so auch das Brustgewebe. Die Brüste verlieren ihre ursprüngliche Fülle und Spannkraft auch dadurch, dass sich das Brustdrüsengewebe reduziert, die Fettzellen jedoch zunehmen. Eine HET kann die Veränderung weitgehend rückgängig machen. Das gilt allerdings nur so lange, wie die HET-Präparate eingenommen werden. Nach der Menopause steigt das Brustkrebsrisiko – je später die Menopause, desto höher das Risiko.

Frauen mit Brustkrebs sollten eine HET ausführlich mit ihrem Arzt oder ihrer Ärztin besprechen. Manchen Frauen klagen während des Klimakteriums über Ziehen in den Brüsten, Mastalgie genannt. Diese Beschwerden sprechen nicht gegen, sondern gerade für eine HET.

## DER BAUCH

Wenn Sie regelmäßig Sport treiben, werden Sie während der Wechseljahre wahrscheinlich keine Veränderung in Form und Größe Ihres Bauchs erleben. Wenn Ihr Bauch dennoch nach der Menopause plötzlich dicker wird, sollten Sie Ihren Arzt konsultieren. Ein plötzliches Anschwellen ist oft das sichtbare Zeichen eines Eierstocktumors (siehe S. 79).

Wenn sich Ihr Taillenumfang weitet und Sie sich einfach dick und aufgebläht fühlen, so kann dies natürlich auch einfach eine Folge falscher, das heißt, ballaststoffarmer Ernährung sein – oder Bewegungsmangel. Wenn Sie keine Gymnastik betreiben, wird die Spannkraft Ihrer Bauchdecke zurückgehen. Sie werden merken, dass Sie Ihren Bauch nicht mehr wie früher einziehen können. Die Bauchdecke hält aber auch die inneren Organe an ihrem Platz. Regelmäßige Gymnastik oder Sport hilft nicht nur Ihrer Figur – es stärkt auch Ihr Selbstbewusstsein. Man ist nie zu alt, um ein Fitnessprogramm zu beginnen. Das Tragen eines Korsetts hingegen unterstützt nur die Gewebserschlaffung und Ihr Bauch wird dicker und dicker.

## DAS BINDEGEWEBE

Unser Körper besteht aus einem Skelett, Muskeln und Organen, die vom Bindegewebe und der Haut zusammengehalten werden. Der Hauptbestandteil des Bindegewebes ist das Kollagen, welches durch Östrogen versorgt wird. Nach der Menopause verliert der Körper Kollagen und das Bindegewebe erschlafft, Knochen werden brüchiger, Muskeln schwächer und Gelenke steifer. Die Haut wird dünner und faltiger, ebenso die Vagina, was Schmerzen beim Geschlechtsverkehr bewirken kann. Auch Symptome von Zystitis treten auf (siehe S. 85–86). All das hängt einzig mit dem Abbau von Kollagen zusammen, das wiederum vom Östrogenspiegel im Blut abhängig ist.

## DIE KNOCHEN

Trotz ihres soliden Anscheins sind Knochen porös und werden immer poröser. Es gibt zwei Typen von Zellen, die aktiv an der Gesundheit unserer Knochen beteiligt sind: die Osteoblasten, die für den Aufbau der Knochen zuständig sind, und die Osteoklasten, die für den Knochenstoffwechsel und damit auch für den Abbau älterer Knochenmasse sorgen. In den Wechseljahren ist die Aktivität der Osteoklasten größer als die der Osteoblasten, das heißt, mehr Knochen wird abgebaut als aufgebaut, und die Knochenmasse sowie -dichte schwindet. Auch hierfür ist das Absinken des Östrogenlevels verantwortlich.

Während der fruchtbaren Jahre einer Frau reicht die Östrogenproduktion in ihrem Körper dazu aus, die anderen Hormone und Vitamine, wie Kalzitonin, Parathormon und Vitamin D, die zum Knochenaufbau nötig sind, voll zu nutzen. So sorgen Kalzitonin und Parathormon für einen stets konstanten Kalziumspiegel im Körper. Besonders das Parathormon verhindert das Ausscheiden von zu viel Kalzium über die Nieren beziehungsweise den Urin und erhöht die Kalziumaufnahme aus der Nah-rung. Der unzureichende Östrogenspiegel im Blut ist für den Kalziummangel verantwortlich – die Knochen werden poröser und damit anfällig für Osteoporose (siehe S. 70–76).

## DIE HAUT

***Das Absinken des Östrogenspiegels während der Menopause ist einer der Hauptgründe für den Alterungsprozess der Haut. Sie sollten daher ab 40 Ihre Haut sehr sorgfältig pflegen. Unsere Haut verändert sich mit den Jahren wie folgt:***

- *Die Regenerationsfähigkeit der Haut lässt nach.*
- *Sie lässt sich nicht mehr so leicht zusammendrücken; ihre Elastizität nimmt ab.*
- *Die Fähigkeit, Feuchtigkeit zu speichern, schwindet.*
- *Die Versorgung mit Kollagen, dem Lieferant für Proteine, nimmt ab. Die Hautstruktur verändert sich und Falten erscheinen. Der Hauptgrund für die Zerstörung der Kollagenfasern ist ultraviolettes Licht.*
- *Es kommt zu einem kontinuierlichen Verlust an Zellen. Diese Melanozyten produzieren das Pigment Melanin, das für die Bräunung der Haut zuständig ist. Mit dem Verlust an Melanin verlieren wir auch unseren natürlichen Sonnenschutz und werden anfälliger für Sonnenbrand. Gleichzeitig führt dies zur Zerstörung der Kollagenfasern und letztlich zu Hautkrebs. Größte Vorsicht ist deshalb geboten: Schützen Sie Ihre Haut vor zerstörerischen Sonnenstrahlen, benutzen Sie immer ein Sonnenschutzmittel mit hohem Lichtschutzfaktor, mindestens LSF 20, tragen Sie zum Schutz Ihrer Gesichtshaut einen Sonnenhut und schränken Sie die Zeit der Sonneneinwirkung auf Ihre Haut ein.*

## DER KALZIUMSTOFF-WECHSEL

***Kalzium hängt unmittelbar mit der Knochengesundheit zusammen, die bei Östrogenmangel nachlässt.***

*Östrogen spielt eine wichtige Rolle im Erhalt des Kalziumspiegels im Blut und der Kalziumgewinnung aus der Nahrung. Es unterstützt die Erneuerungs- und Regenerationsaktivität der Osteoblasten (siehe S. 19). Sinkt der Östrogenspiegel, dann wird die Aufbaufunktion dieser Osteoblasten geschwächt, und die Knochen werden porös sowie brüchig.*

Obgleich die berüchtigten Oberschenkelhalsbrüche meist bei älteren Frauen in ihren 70ern auftreten, sind bei osteoporosegefährdeten Frauen kurz nach der Menopause häufig Brüche der Handgelenke oder Wirbel zu beobachten. Auch hier kann wieder eine HET vorbeugend und begleitend schützen.

## MUSKELN UND GELENKE

Mit zunehmendem Alter und dem Rückgang der Östrogen- und Progesteronproduktion verliert auch die Muskulatur an Kraft, Masse und Ausdauer. Der durchschnittliche ältere Mensch besitzt nur noch wenig Muskelmasse und ist somit einer Vielzahl an Risiken und Problemen ausgesetzt: Schwache Muskeln bedeuten meist mangelnde Koordination.

Der Verlust von Kollagen im gesamten Körper bewirkt schmerzhafte Beschwerden und eine Versteifung der Gelenke, besonders beim morgendlichen Aufwachen. Studien haben gezeigt, dass zwei von drei Frauen, die aufgrund von Wechseljahrbeschwerden in Kliniken behandelt werden, gleichzeitig an Gelenkschmerzen oder eingeschränkter Beweglichkeit leiden. Eine HET kann praktisch alle diese Symptome verschwinden lassen und zusätzliches, regelmäßiges Training wird unseren Gelenken ihre Beweglichkeit sichern.

## HERZ UND KREISLAUF

Die Auswirkungen der Menopause auf Herz und Kreislauf sind nicht völlig geklärt. Bekannt ist, dass unabhängig vom Alter, Frauen mit funktionierenden Eierstöcken weniger Infarkt gefährdet sind als Frauen, die die Menopause entweder schon auf natürliche Weise hinter sich haben oder deren Eierstöcke operativ entfernt wurden, wie zum Beispiel bei einer Hysterektomie (siehe S. 80–82). Das Herzinfarktrisiko von Frauen, deren Eierstöcke vor dem 35. Lebensjahr entfernt wurden, ist zwei- bis siebenmal höher als bei prämenopausalen Frauen mit intakten Eierstöcken.

In den USA sterben jährlich fast eine halbe Million Frauen an Herz-Kreislauferkrankungen und fast alle nach der Menopause. Diese Zahl ist knapp achtmal höher als die Zahl aller Krebsfälle des gesamtem reproduktiven Systems. Bis zum menopausalen Absinken des Östrogenspiegels sind Herz-Kreislauferkrankungen als Todesursache bei Frauen so gut wie unbekannt.

Jedes Jahr erleben über eine Million amerikanischer Frauen eine Störung des Herz-Kreislaufsystems. Das Herz arbeitet nicht richtig, die Blutgefäße reißen, es kommt zu Narbenbildung oder der Ablagerung fetthaltiger Substanzen in der Arterien, der Arteriosklerose. Diese Störungen schränken die Blutversorgung des Herzens ein und schwächen dessen Pumpleistung.

Mit zunehmendem Alter steigen auch die Cholesterinwerte im Blut, speziell bei Frauen, deren Eierstöcke entfernt wurden. Der Verlust der Eierstockfunktion führt zur Erhöhung der gefährlichen LDL, Low-Density-Lipiden und einem Absinken der herzschützenden High-Density-Lipiden, HDL. Diese Umverteilung verursacht Herzerkrankungen, die wiederum durch eine HET gemildert werden können. Östrogenrezeptoren finden sich auch im Muskelgewebe der Arterien und ein Absinken des Östrogenspiegels im Blut verursacht das Zusammenziehen der Muskeln, was wiederum eine Verengung der Blutgefäße nach sich zieht. Dies bewirkt eine Erhöhung des Blutdrucks, der bereits nach wenigen Wochen einer HET-Einnahme sinkt.

## EMOTIONEN UND VERHALTEN

Es existieren viele Teilbereiche im Gehirn, in denen Östrogenrezeptoren in hoher Konzentration angesiedelt sind. Östradiol, das aktivste Östrogen, übernimmt allein über 50 Aufgaben im Gehirn. Östrogenrezeptoren steuern den Teil des Gehirns, den Hippokampus, der für das Gedächtnis zuständig ist. Das erklärt auch die Tatsache, dass manche Frauen zunächst vergesslich werden, noch bevor sich andere Symptome der Menopause einstellen.

Neuere Forschungergebnisse über die Östrogenrezeptoren im Gehirn haben aufschlussreiche Erkenntnisse über die intellektuellen und emotionalen Veränderungen in den Wechseljahren ergeben. Der Hippokampus ist für das gesamte und komplexe System der „Datenverarbeitung“ und Aufbewahrung zuständig. Die Fähigkeit, neue Informationen abzulegen, schwankt bereits beim normalen Monatszyklus merklich. Östrogen steuert ebenso die kognitiven Funktionen, wie etwa das planvolle und zielgerichtete Denken, sowie das flexible, anpassungsfähige Denken. Während der Menopause können all diese Funktionen und Qualitäten mehr oder weniger beeinträchtigt sein. Ein niedriger Östrogenspiegel schwächt unsere Fähigkeit, Neues zu lernen und uns an beispielsweise gerade Gelesenes zu erinnern. Eine HET wird auch hier einen positiven Einfluss nehmen.

Eines der wichtigsten Ergebnisse der Forschung beschreibt Östrogen als Angsthemmer; endlich eine Erklärung für eines der dominierenden Phänome der Wechseljahre – die Angst.

## Hitze-wallungen und Nachtschweiss

***Östrogen zeichnet ebenfalls für die Kontrolle der Körpertemperatur verantwortlich. Fehlt es, so versagt unser „Thermostat“ und wir schwitzen stark, selbst bei normaler Temperatur.***

*Für rund zwei Drittel aller Frauen beginnen die Hitzewallungen und das nächtliche Schwitzen lange vor ihrer letzten Periode. Meist nehmen Häufigkeit und Intensität der Anfälle um die Zeit der eigentlichen Menopause zu und halten, mit beschwerdefreien Intervallen von einigen Monaten, bis zu fünf Jahren nach der Menopause an. Die ersten Hitzewallungen betreffen meist nur Gesicht und Hals – mit der Zeit werden sie häufiger und stärker, bevor sie wieder ganz aufhören.*

*Die Gründe dafür sind komplex. Hitzewallungen sind eine Reaktion auf eine verstärkte Lutein-Hormon-Produktion der Hirnanhangdrüse. Die Ausschüttung dieses Hormons verändert sich während der Wechseljahre und scheint mit der nachlassenden Eierstockfunktion zusammenzuhängen und somit auch mit dem sinkenden Östrogenspiegel.*

*Auch andere innere Sekretionen geraten durcheinander. So steigt der Adrenalinspiegel im Blut an. Hitzewallungen und Nachtschweiß sind auch für Schlafstörungen und Wachliegen verantwortlich; Der Traumschlaf ist gestört, so dass wir uns morgens nicht erholt, sondern müde und ausgelaugt fühlen.*

## STEUERUNG DES BEWEGUNGS-APPARATES

***Östrogen scheint den zellulären Stoffwechsel im Gehirn zu steigern, obwohl dort keine spezifischen Östrogenrezeptoren angesiedelt sind. Diese „belebende“ Wirkung ist in den Gehirnpartien spürbar, die die Feinmotorik steuert.***

*Das Kleinhirn oder Cerebellum kontrolliert das Gleichgewichtsempfinden und die Koordination. Es ist wissenschaftlich belegt, dass die Östrogeneinnahme eine Verdreifachung der Kleinhirnfunktion bewirken kann, und dies innerhalb von drei Minuten mit einer Wirkzeit von neun Stunden.*

*Alle Muskeltätigkeiten werden durch Östrogen verbessert, einschließlich der manuellen Geschicklichkeit. Ohne Östrogen werden unsere feinmotorischen Fertigkeiten, wie wir sie beispielsweise für das Geige- oder Gitarrenspiel benötigen, beeinträchtigt.*

*Die so genannte Olive im Gehirn fungiert als Taktgeber für die Synchronisation der Bewegungsabläufe. Ohne aufeinander abgestimmte Signale und Befehle würden wir zum Beispiel über einen Bürgersteig stolpern. Die Olive sendet deshalb rhythmische elektrische Ströme an das Kleinhirn, was seinerseits die Bewegungsabläufe synchronisiert. Nach einer Östrogengabe verbessert sich die Bewegungskoordination deutlich, und Progesteron unterstützt diese Wirkung zusätzlich. Studien bewiesen, dass die Olive bei guter Östrogenversorgung ungefähr 30 Prozent mehr Fehler erkennt und korrigiert.*

Der Grund: Östrogen hat vielfach die gleiche Wirkung wie ein Beruhigungsmittel. Deshalb kann man sagen, dass Frauen während der Wechseljahre an einem Mangel an „natürlichen Tranquilizern“ leiden. Östrogen zeigt eine große Bandbreite bei der Bewältigung von Angst, Spannungen und Depressionen. Es hilft beispielsweise, den Übergang von Helligkeit in Dunkelheit zu erleichtern, die Orientierung in fremder Umgebung zu bewältigen, die Angst vor Fremden zu mildern und mit Kritik besser umgehen zu können.

Im Gegenzug sind die Progesteronrezeptoren im Gehirn für negative Stimmungen verantwortlich. Eine Studie berichtet vom Auftreten depressiver Stimmungen innerhalb weniger Stunden nach Einnahme von Progestogen, einem künstlichen Progesteron. Das könnte die getrübte Stimmung vieler Frauen in der Woche vor ihrer Menstruation erklären oder auch in den Tagen der Progeston-Einnahme im Rahmen einer HET (siehe S. 57).

Der Mandelkern in unserem Gehirn ist für das seelische Gleichgewicht und unser Sexualempfinden verantwortlich. Er enthält Hunderte von Östrogenrezeptoren, die die Sensibilität des Mandelkerns für ankommende Reize unterstützt. Sinkt die Östrogenzufuhr, wird dieser Steuerungsmechanismus gestört und unser seelisches Wohlbefinden wie auch unsere Libido lassen nach. Mit einer HET berichten Frauen von gesteigertem sexuellem Interesse und mehr sexuellen Fantasien denn zuvor.

KAPITEL 2

# Die Menopause bewältigen

Die Liste der menopausalen Beschwerden ist lang, und jedes Symptom ist mit dem Absinken des Östrogenspiegels verbunden. Glücklicherweise erlebt aber keine Frau alle Beschwerden. Sie werden wahrscheinlich nur einige wenige erfahren, viele Frauen sogar keine. Die körperlichen Veränderungen in der Menopause sind so verschieden, dass es schwierig ist, sie einer einzigen Ursache zuzuordnen. Einige klassische Symptome, wie Hitzewallungen und Stimmungsschwankungen, gelten als typisch für die Wechseljahre, während Rückenschmerzen eher zufällig erscheinen.

## HITZEWALLUNGEN SELBSTHILFE

***Die folgenden einfachen Maßnahmen schaffen bei vielen Symptomen Erleichterung.***

- *Führen Sie ein Tagebuch über das Auftreten der Hitzewallungen. Versuchen Sie das Wiederauftreten bestimmter Situationen, die auslösend wirken können, zu vermeiden.*
- *Tragen Sie keine synthetischen Fasern, vermeiden Sie Kleidung mit hohen Kragen und langen Ärmeln.*
- *Entdecken Sie Möglichkeiten, sich abzukühlen: Halten Sie eine Wärmflasche mit Eiswürfeln griffbereit, nehmen Sie eine kalte Dusche oder benutzen Sie einen Ventilator.*
- *Geben Sie das Rauchen auf.*

## MEDIZINISCHE BEHANDLUNG

***HET hat eine 98-prozentige Erfolgsrate bei der Linderung von Hitzewallungen und Nachtschweiß.***

*Clonidine- oder auch propranololhaltige Arzneimittel, die zur Behandlung von hohem Blutdruck eingesetzt werden, wie beispielsweise Catapressan® oder Dociton®, wie auch diverse Beruhigungsmittel können bei Hitzewallungen und Nachtschweiß helfen. Fragen Sie aber unbedingt Ihren Arzt um Rat, diese Medikamente sind rezeptpflichtig!*

# DIE SYMPTOME

Die folgende Aufstellung ist nicht zuletzt deswegen so lang, weil es hilfreich ist, auf alle Eventualitäten vorbereitet zu sein, besonders für das Gespräch mit Ihrem Arzt.

## HITZE UND NACHTSCHWEISS

Nachtschweiß ist das nächtliche Äquivalent zu Hitzewallungen. Beide werden von etwa 85 Prozent aller Frauen in den Wechseljahren erlebt, jedoch in recht unterschiedlicher Stärke und Häufigkeit. Die Schweißausbrüche können so stark sein, dass der Schweiß in Strömen über Gesicht, Brust und Rücken rinnt; die Körpertemperatur steigt, das Herz schlägt schneller und rast. Obwohl Hitzewallung und Nachtschweiß sich besonders am Kopf, Gesicht und Nacken unangenehm anfühlen, steigt die Temperatur doch im gesamten Körper an. Sogar die Temperatur der Finger und Zehen erhöht sich vor einer Hitzewallung. Das Unwohlsein aufgrund einer Hitzewallung oder des Nachtschweißes ist einmalig – es ist nicht dasselbe wie eine einfache Überhitzung. In einer Studie versuchten Wissenschaftler, Hitzewallungen bei Frauen in den Wechseljahren durch Wärmflaschen und Decken künstlich zu erzeugen.. Sie fanden heraus, dass die Zufuhr externer Energie nicht die gleiche Pulsbeschleunigung und Blutdruckerhöhung zur Folge hatte, wie „normale" Hitzewallungen sie verursachen. Heißes Wetter kann hingegen den Nachtschweiß verstärken.

### ERGÄNZENDE THERAPIEN

Die von Naturheilkundlern und Homöopathen häufig empfohlenen Produkte bei Hitzewallungen und Nachtschweiß sind Küchenschelle, Lachesis, Silberweide, wilde Yamwurzel, Wanzenkraut (Traubensilberkerze) Salbei, Sojabohnen, Fo-ti-tieng und Dong quai. Die meisten Reformhäuser und Apotheken haben diese vorrätig, wenn nicht, sollten Sie einen qualifizierten Naturheilkundler oder Homöopathen konsultieren. Keuschlamm (Mönchspfeffer) eignet sich hervorragend für die Linderung menopausaler Symptome, Hitzewallungen und Nachtschweiß eingeschlossen.

Entspannung kann außerordentlich therapeutisch wirken, denn sie beruhigt Körper und Geist, welches wiederum den körpereigenen Haushalt normalisiert und die Haut weniger schwitzen lässt. Auch Meditation kann nützlich sein, denn sie verlangsamt den Kreislauf ebenso wie sie die Gehirnwellen von den schnellen Beta-Wellen, die charakteristisch für einen

Arbeitstag sind, auf langsamere Alpha- oder Theta-Wellen umschaltet – ähnlich wie kurz vor dem Einschlafen. Ein meditatives Stadium kann so erholsam sein wie Schlaf. Yoga für Anfänger mit seinen einfachen Stellungen und Atemtechniken beruhigt ebenso gut.

### DIÄT UND BEWEGUNG

Vermeiden Sie Nahrungsmittel, die Hitzewallungen und Nachtschweiß begünstigen. Dazu zählen Zucker, Salz, kräftige Gewürze, Schokolade, Alkohol, Kaffee, Tee und koffeinhaltige Limonaden (Cola) ebenso wie heiße Suppen und Getränke sowie üppige Mahlzeiten. Essen Sie viele Zitrusfrüchte, beispielsweise Orangen und Grapefruits, sie enthalten Bioflavonide, die eine schwach östrogenartige Wirkung auf den Körper haben.

Sorgen Sie für regelmäßige tägliche Bewegung. Körperlich aktive Frauen leiden weniger unter Hitzewallungen als Frauen, die sich wenig bewegen. Bewegung und Sport verbessern den Kreislauf, unterstützen den körpereigenen Temperaturausgleich und lassen Sie gegebenenfalls schneller abkühlen. Außerdem unterstützt körperliches Training den Östrogen- und Endorphingehalt im Blut. Je höher die Östrogenwerte, desto seltener die Hitzewallungen.

## VAGINALE UND UROGENITALE PROBLEME

Urogenitale Beschwerden sind in den Wechseljahren zwar häufig, aber nur vier von fünf Frauen suchen deswegen ärztliche Hilfe. Die Vagina und die unteren Harnwege liegen sehr nah beieinander und sind lediglich durch wenige Zellschichten voneinander getrennt. Beide reagieren auf das Absinken des Östrogenspiegels, indem sie austrocknen und dünner werden. Zu den häufigsten Beschwerden der unteren Harnwege gehören Schmerzen beim Wasserlassen sowie plötzlicher Harndrang, selbst wenn die Blase nur wenig gefüllt ist. Auch Inkontinenzprobleme können auftreten, weil der Sphinktermuskel am Harnröhrenausgang wegen des niedrigen Östrogenlevels erschlafft ist. Manchmal tritt die Inkontinenz auch beim Lachen, Husten oder dem Tragen schwerer Lasten auf. Diese Stressinkontinenz ist auf den Druck der Bauchmuskulatur auf die Harnblase zurückzuführen. Mit jedem oder auch allen dieser Symptome kann sich Trockenheit und Juckreiz einstellen. Schmerzhafte Reizungen der Vagina, vor allem während oder nach dem Sex, sind bei Frauen in den Wechseljahren üblich, weil die Feuchtigkeitsproduktion nachlässt.

### NACHTSCHWEISS SELBSTHILFE

- *Halten Sie ihr Schlafzimmer kühl, lassen Sie ein Fenster offen.*
- *Benutzen Sie weder Nacht- noch Bettwäsche aus synthetischen Fasern. Baumwolle ist sehr viel angenehmer.*
- *Stellen Sie eine Schale mit lauwarmem Wasser und einem Schwamm neben Ihr Bett, so können Sie sich schnell abkühlen. Benutzen Sie nie kaltes Wasser, es kann Überhitzung hervorrufen. Wenn das Wasser verdunstet, kühlt es ihre Haut.*

### VITAMIN E

***Obwohl die Effektivität von Vitamin E in diesem Zusammenhang nicht eindeutig belegt ist, versuchen Sie es, denn es kann die Funktionen Ihres Blutes verbessern und die Produktion von Geschlechtshormonen unterstützen.***

*Die empfohlene Dosis liegt bei 1000 International Units (IU) am Tag und sollte nicht überschritten werden. Vitamin E scheint am besten in Kombination mit den Vitaminen B und C zu wirken (siehe S. 36). Zusammen mit Fetten wird Vitamin E am besten aufgenommen, weshalb die Vitamin-E-Einnahme am Ende der Mahlzeit liegen sollte. Nehmen Sie kein Vitamin E, wenn Sie unter Bluthochdruck oder Diabetes leiden oder Herzprobleme haben.*

## VAGINALE UND UROGENITALE PROBLEME SELBSTHILFE

***Die folgenden einfachen Maßnahmen können auftretende Probleme lindern.***

- *Bei Harnwegsbeschwerden, gleich welcher Art, ist es wichtig, dass die Harnblase gut durchgespült wird. Trinken Sie mindestens 2 Liter Flüssigkeit am Tag, besonders wenn Sie zu Blasenentzündungen neigen.*

- *Achten Sie darauf, dass ihr Urin alkalisch bleibt, um Infektionen vorzubeugen. In Apotheken wird eine Vielzahl spezieller Produkte verkauft, trinken Sie Milch, Antiacide (diese jedoch nicht regelmäßig) und versuchen Sie außerdem, jeden Morgen ein Glas Preiselbeersaft zu trinken.*

- *Vaginale Trockenheit, Reizungen, Juckreiz oder Schmerz während des Geschlechtsverkehrs werden durch Verwendung eines speziellen Feuchtigkeitsgels gelindert. Das Feuchthalten der Vagina hilft auch, Infektionen vorzubeugen. Einmaliges Auftragen eines Feuchtigkeitsgels kann bis zu vier Tagen vorhalten und kann zweimal die Woche wiederholt werden.*

- *Das Tragen von Baumwollunterwäsche hilft Irritationen des Urogenitalgewebes zu vermeiden. Verzichten Sie ebenfalls auf parfümhaltige Badezusätze.*

### MEDIZINISCHE BEHANDLUNG

Die Behandlung besteht fast ausschließlich aus einer HET, ob nun in Form von Tabletten, Hautpflastern oder lokal aufgetragenen Salben. Eine Vaginalcreme ist ein hervorragender Weg, um die Empfindlichkeit und Trockenheit zu behandeln, ebenso die Stressinkontinenz und den ständigen Drang zu urinieren. Aktuelle Studien belegen auch, dass HET die Häufigkeit von Blasenkatarrh reduziert.

### ERGÄNZENDE THERAPIE

Bei Harnwegsbeschwerden helfen folgende Pflanzen: Bochu, Mais und Beerentraubenblätter. Letztere besitzen außerdem antiseptische Eigenschaften. Auch die Hydrastis-Wurzel kann helfen, denn ihr wird eine anti-infektionöse Wirkung zugeschrieben.

### SPORT UND SEX

Ein aktives Bewegungsprogramm, wie Schwimmen oder Radfahren, bringt Blut, Sauerstoff und Nährstoffe in den Unterleibsbereich und hält das Gewebe gesund. Regelmäßiger Sex oder Masturbation haben denselben Effekt, ebenso beeinflussen liebevolles Streicheln und erotische Massage die Durchblutung und fördern eine vaginale Feuchtigkeit.

Kegel-Übungen stärken die Beckenmuskulatur, speziell die des Uterus, der Vagina und des Anus. Sie können die Muskeln, die Sie bei den Kegel-Übungen beanspruchen, lokalisieren, wenn Sie beim Wasserlassen den Urin-Mittelstrahl willentlich unterbrechen. Kegel-Übungen können jederzeit und überall gemacht werden; alles, was Sie tun müssen, ist, die Vaginalmuskeln anzuspannen, die Spannung für 5 Sekunden halten und dann entspannen. Wiederholen Sie diesen Vorgang 5-mal, die ganze Serie etwa 10-mal täglich.

## MUSKELN UND GELENKE

Generelle Erschöpfungszustände in den Wechseljahren können schwerwiegend sein. Neben unterbeanspruchten Muskeln und Gelenken gibt es weitere Gründe, die nicht zwangsläufig mit den Wechseljahren zusammenhängen müssen: wie ein niedriger Blutzuckerspiegel, Anämie oder eine Schilddrüsenunterfunktion.

### MEDIZINISCHE BEHANDLUNG

HET hilft schnell bei Gelenksteifheit, die durch Östrogenmangel hervorgerufen wird und bewahrt die Stärke und Spannkraft der Bänder. Bei Osteoarthritis, der Abnutzung der

Gelenke, kann man von HET allerdings keine Hilfe erwarten; bei einer rheumatischen Arthritis infolge von Kollagenverlust hingegen schon.

### ERGÄNZENDE BEHANDLUNG

Bei steifen und geschwollenen Gelenken kann ein Wickel mit Cayennepfeffer helfen. Andere Kräuterheilmittel enthalten zum Beispiel Alfalfa, Sarsaparilla, Hundskamille, Mutterkraut oder Silberweide. Wacholder- oder Rosmarin- und Lavendelöle können Schmerzen lindern, wenn sie auf einer Ölbasis bei lokalen Massagen oder Kompressen verwendet werden.

## HAARE, NÄGEL UND HAUT

Mit Absinken des Östrogenspiegels stellen sich viele Veränderungen ein – teilweise durch das Schwinden der Kollagenfasern verursacht oder auch aufgrund der Schwächung des Proteins und des Elastins, welches das Bindegewebe stärkt.

- Haut: Trockenheit oder Fettigkeit, Falten, Schuppen, Neigung zu Blutergüssen, langsames Verheilen von Wunden, braune Pigmentverfärbungen, sichtbare Venen.
- Nägel: Brüchigkeit, weiße Stellen, Splitterblutungen
- Gaumen: Bluten und Wattegefühl, Zahnfleischrückgang, der die Zahnfleischhälse ungeschützt lässt, Infektion oder zeitweise Entzündung, die schlechten Atem verursacht.
- Haar: stumpf, trocken oder fettig, Spliss, dünne Stellen, geringes Wachstum, Dermatitis der Kopfhaut, Schuppen.
- Mund und Zunge: eingerissene Mundwinkel, schlecht heilende Geschwüre; dünner, glatter werdende Zunge.

### MEDIZINISCHE BEHANDLUNG

Die Haut regiert schnell auf eine HET, und zwar dadurch, dass sie dicker und straffer wird. Die meisten Frauen berichten von einer positiven Veränderung des Hautonus' innerhalb weniger Wochen nach dem Beginn der Behandlung.

Eine HET lindert auch das so genannte Ameisenlaufen (intensives Hautkribbeln) und bringt dem Haar seine ursprüngliche Gesundheit wieder. Das Ausdünnen der Haare und der Haarausfall werden gestoppt; das Haar erhält seine Spannkraft zurück. Die Empfindlichkeit der Zunge und Trockenheit des Mundes werden durch die HET ebenso verbessert respektive positiv beeinflusst. Geschrumpfte Gaumen können ihre ursprüngliche Form wieder erlangen, Nägel werden weniger brüchig, die Tendenz zu Blutergüssen nimmt ab und Schnittwunden verheilen schneller.

### MUSKELN UND GELENKE SELBSTHILFE

***Muskeln verlieren an Masse, Kraft und Koordinationsvermögen; Gelenke werden steif, wenn in den Wechseljahren das Kollagen schwindet.***

- *Bewegung hält Ihre Muskulatur stark und Sie selbst agil. Wenn Sie Sport treiben, helfen Ihnen Muskelkraft und Koordinationsvermögen, beispielsweise einen Sturz besser aufzufangen.*
- *Bei rheumatischer Arthritis oder Osteoarthritis fragen Sie Ihren Arzt zur Selbsthilfe zu Hause.*

### GESICHT UND HAUT SELBSTHILFE

***Die folgenden einfachen Schritte helfen Ihnen Gesicht und Haut zu schützen***

- *Halten Sie Ihre Haut feucht. Verzichten Sie auf Seife und benutzen Sie stattdessen Reinigungslotionen.*
- *Ihre Nägel brauchen Ihre besondere Aufmerksamkeit. Machen Sie alle acht Wochen eine Mani- und eine Pediküre.*
- *Spülen Sie Mund- oder Zungengeschwüre mit Salzwasser oder einer speziellen Lösung.*
- *Schützen Sie Ihre Haut vor der Sonne. Vermeiden Sie direkte Sonneneinstrahlung und benutzen Sie stets ein Sonnenschutzmittel, wenn Sie im Freien sind. Meiden Sie möglichst die intensive Mittagssonne.*

## SEXUELLE SELBSTHILFE

***Die folgenden Maßnahmen können Ihnen helfen, Sex wieder mit Freude zu genießen.***

- *Vor dem Sex können Sie ein paar Tropfen steriles, wasserlösliches Gleitmittel in den Vaginaleingang schmieren, vielleicht auch in die Vagina und auf den Penis Ihres Partners geben. Wasserlösliche Gleitmittel sind besser als ölhaltige, weil Öl Infektionen begünstigt und Latexkondome porös machen kann.*
- *Vermeiden Sie Vaginalduschen und parfümierte Intimpuder, Toilettenpapier und Badezusätze, die das Urogenitalgewebe reizen können.*
- *Waschen Sie nie die Innenseite Ihrer Schamlippen mit Seife – sie trocknet die Haut aus.*
- *Nehmen Sie keine antihistaminhaltigen oder parfümierten Mittel gegen genitalen Juckreiz.*
- *Verwenden Sie mehr Zeit auf das Vorspiel. Eine sanfte Massage der Brüste, des Bauchs, der Schenkel und der Genitalien kann sehr erotisch sein und die Feuchtigkeitsproduktion anregen. Frauen nach der Menopause können genauso feucht werden wie jüngere Frauen, Sie brauchen einfach nur länger.*
- *Regelmäßiger Sex oder Masturbation erhöht die Feuchtigkeitsproduktion Die bei einem Orgasmus auftretenden Muskelkontraktionen und der erhöhte Blutdruck während dem Sex scheinen die Vagina zu trainieren und ihre premenopausale Kondition aufrecht zu erhalten.*

## DIÄT UND SPORT

Die Gesundheit von Haut, Nägeln und Haaren hängt vor allem mit einer Ernährung zusammen, die reich ist an Vitaminen, Mineralien und Spurenelementen. Essentiell ist die ausreichende Versorgung mit den Vitaminen A, B, C und E sowie Kalium, Zink, Magnesium, Bioflavonen, Eisen, Kalzium und den wichtigsten Fettsäuren. Essen Sie vorwiegend Nahrungsmittel, die von Natur aus reich sind an B-Vitaminen, hier im Besonderen B 1, B 2, B 3, B 6, B 12 und Folsäure.

# SEXUELLE BESCHWERDEN

Ein weit verbreitetes Vorurteil besagt, dass mit den Wechseljahren die Sexualität schwindet. Nichts ist weiter von der Wahrheit entfernt! Die Mehrheit aller Frauen kann bis ins hohe Alter Freude am Sex haben, so lange sie bei guter Gesundheit sind. Manche Frauen berichten, dass sie nach der Menopause Sex viel erfüllender empfinden als zuvor. Eines der häufigsten Probleme nach der Menopause ist das Nachlassen der Feuchtigkeitsproduktion der Vaginaldrüsen. Das Gewebe der Vagina ist nun zu trocken und zu dünn, was beim Sex leicht zu Blutungen und Schmerzen führen kann sowie die Penetration schmerzhaft oder gar unmöglich macht. In jüngeren Jahren schwellen die Genitalien in der Erregungsphase an und werden dadurch empfindsamer. Nach der Menopause lässt die Erregungsfähigkeit von Klitoris, Vagina und Vulva hingegen etwas nach.

Sexuelles Verlangen kann auch durch bestimmte Medikamente gestört werden, wie zum Beispiel Tranquilizer, Muskelrelaxanzien, Antidepressiva, Amphetamine, Entwässerungsmittel, Blutdrucksenker und Hormone. Alkohol, Zigaretten, Koffein, Überarbeitung, Anspannungen und Depressionen haben den selben Effekt. Frauen, die sich einer Gebärmutter- oder Eierstockentfernung unterzogen haben, können ebenfalls weniger Freude am Sex haben und Probleme, den Orgasmus zu erreichen.

## MEDIZINISCHE BEHANDLUNG

Alle Formen von HET lindern vaginale Trockenheit und Gereiztheit, sofern die Dosis Östrogen adäquat ist. Wenn vaginale Beschwerden Ihre einzigen Wechseljahrsymptome sind, bitten Sie Ihren Arzt um die Verschreibung lokal wirkender Östrogencremes oder eines Pessars. Nach etwa vierwöchiger Behandlung mit Östrogen stellen sich die ersten positiven Ergebnisse, Ihre Vaginalprobleme betreffend, ein. Ein niedrig dosiertes Testosteronprodukt kann ihr Verlangen nach Sex steigern.

## ERGÄNZENDE THERAPIE

Kräuter und Naturheilmittel wurden schon immer als Libidostimulanz eingesetzt, obwohl manche, wie Muskat, das urogenitale System reizen können und daher nicht verwendet werden sollten. Die traditionelle indische Medizin benutzt beispielsweise Safran als Aphrodisiakum – und Yohimbine, aus der Rinde eines afrikanischen Baumes gewonnen, ist Bestandteil einer Vielzahl von Medikamenten, die Impotenz behandeln.

# SCHLAFLOSIGKEIT

Wenn Sie unter Depressionen, Ängsten oder Nachtschweiß leiden, kann ein erholsamer Nachtschlaf zur Seltenheit werden. Frauen mit einem normalen Östrogenspiegel schlafen schneller ein, erleben eine längere Tiefschlafphase und wachen erholter auf als Frauen mit niedrigem Östrogenspiegel. Das Träumen scheint für das Gefühl der Erholung und Erneuerung äußerst wichtig zu sein. Ohne Östrogen können wir eine ganze Nacht durchschlafen, sind beim Aufstehen aber immer noch müde.

## MEDIZINISCHE BEHANDLUNG

Vor der Entscheidung über eine angemessene Behandlung sollten Sie mit Ihrem Arzt eine exakte Diagnose Ihrer Schlafstörungen vornehmen. Sind typische Wechseljahrsbeschwerden, wie Nachtschweiß oder innere Anspannung, die Ursache der Schlaflosigkeit, hilft eine HET. Wird die Schlaflosigkeit jedoch durch ein medizinisches oder emotionales Problem hervorgerufen, welches nicht mit den Wechseljahren in Verbindung steht, kann das Verschreiben von Schlafmitteln Abhilfe schaffen. Obwohl diese Mittel sich als hilfreich erweisen können, durch traumatische Abschnitte, wie den Tod einer nahestehenden Person oder eine Scheidung, zu kommen, bergen sie die Gefahr von Entzugserscheinungen, speziell, wenn die Mittel über einen längeren Zeitraum eingenommen werden. Die meisten Ärzte verschreiben zwar heute kurzfristig wirkende Benzodiazepine, die vom Körper schnell wieder abgebaut werden, deren Einnahme sollte man aber nur als letzte Möglichkeit wählen.

## ERGÄNZENDE THERAPIE

Baldrian ist ein uraltes Heilmittel, das verwendet wird, um den Schlaf herbeizuführen und sein beruhigender Effekt kann sich während der Wechseljahre sehr wohltuend auswirken. Schlaflosigkeit kann auch durch Nachttees mit Katzenminze, Kamille und Hopfen behandelt werden.

## SCHLAFLOSIGKEIT SELBSTHILFE

***Die folgenden einfachen Maßnahmen können Ihre Symptome lindern.***

- *Versuchen Sie sich vom Nachtschweiß zu befreien oder ihn zu lindern. Dies lässt Sie ungestört schlafen.*
- *Ein langer Spaziergang oder Gymnastikübungen ungefähr 1 Stunde vor dem Zubettgehen sollten die Qualität Ihres Schlafes merklich verbessern.*
- *Lesen Sie in einem guten Buch; das „Rausgehen“ aus sich selbst hilft Ihnen zu entspannen und erleichtert das Zubettgehen.*
- *Manchen hilft ein Glas warme Milch, dies kann von dem in der Milch enthaltenen Kalzium herrühren, welches die Nerven beruhigen soll.*

## GEWICHTSÜBERWACHUNG

***Befolgen Sie die angegebenen Schritte und Sie werden wissen, ob Sie abnehmen müssen oder nicht.***

- *Wer sagt Ihnen, ob Sie wirklich zu dick oder zu dünn sind.? Bedenken Sie Ihren Körperbau. Prüfen Sie, ob Sie mehr Gewicht um Magen und Taille oder um Hüfte und Oberschenkel haben. Ersteres birgt mehr gesundheitliche Risiken (siehe rechte Randspalte).*
- *Messen Sie den Taillenumfang am engsten Punkt und bleiben Sie dabei entspannt stehen. Nun messen Sie Ihre Hüfte an der breitesten Stelle. Teilen Sie den Taillenwert durch den Hüftwert , um das Verhältnis zu errechnen. Liegt das Verhältnis über 0,8, so besteht ein größeres Risiko für Diabetes, Herz-Kreislaufprobleme, Osteoporose und Arthritis. Wenn Sie zu dieser Kategorie gehören sollten, konsultieren Sie Ihren Arzt.*
- *Wenn Ihr Taillen-Hüft-Verhältnis nicht in der Risikospanne liegt und Sie auch vor der Menopause nicht übergewichtig waren und nach der Menopause nicht mehr als 6 bis 8 Kilo mehr als zuvor wiegen, so gibt es keinen Grund zur Gewichtsreduktion. Lassen Sie Ihren Körper mit gesunden Lebensmitteln und viel Bewegung zu seinem eigenen und natürlichen Gewicht finden.*

# GEWICHTSZUNAHME

Nach der Menopause haben viele Frauen Gewichtsprobleme, obwohl es dafür aus medizinischer Sicht eigentlich keine stichhaltigen Gründe gibt. Möglicherweise sind Gewichtszunahmen die Folge eines verlangsamten Stoffwechsels. Das hat allerdings nichts mit der Menopause zu tun, sondern mit dem zunehmenden Alter und betrifft Frauen und Männer gleichermaßen. Auch der sinkende Östrogenspiegel bewirkt Veränderungen in der Fettverteilung im Körper. Es ist wichtig, sich darüber im Klaren zu sein, dass alle Frauen nach der Menopause Veränderungen der Figur erleben.

Frauen in den mittleren Jahren, die 3,5 bis 4,5 kg untergewichtig sind, leben weniger lang als jene, die 3,5 bis 4,5 kg übergewichtig sind. Ich möchte nun keine Frau ermutigen, zu dick zu werden, aber ich möchte alle darin bestärken, sich von dem Druck zu befreien, möglichst dünn zu sein.

## MEDIZINISCHE BEHANDLUNG

Wenn Ihr Übergewicht Ihre Gesundheit nicht beeinträchtigt, muss man es auch nicht behandeln. Stellt Ihr Übergewicht jedoch eine Gefahr für Ihre Gesundheit dar und es gesellen sich noch andere Risikofaktoren wie Herzbeschwerden, hoher Blutdruck oder Rauchen dazu, so sollten Sie zusammen mit dem Arzt oder der Ärztin eine kontrollierte Gewichtsabnahme beginnen. Einige Frauen unterziehen sich auch chirurgischen Eingriffen, wie etwa dem Fettabsaugen, aber dies sollte wirklich nur als extreme Maßnahme angesehen werden.

Liegt Ihr Gewicht über den für Ihre Größe und Ihr Alter empfohlenen Werte, können die folgenden Tipps hilfreich sein:

- Trinken Sie ein Glas Wasser vor dem Essen. Sie werden sich gesättigter fühlen.
- Verwenden Sie nur kleine Teller, so können Sie die Größe der Portionen besser kontrollieren.
- Je mehr Zeit Sie sich beim Essen nehmen, desto eher werden Sie satt. Menschen, die zu schnell essen, schmecken den wahren Geschmack nicht und essen deshalb zu viel.
- Eine Stunde vor dem Essen Sport zu betreiben, hilft, den Appetit zu zügeln.
- Nehmen Sie die größte Mahlzeit möglichst früh am Tag ein. Vermeiden Sie es, ein großes Mahl am Abend zu essen – im Schlaf verbrennen nur wenige Kalorien.

# HERZBESCHWERDEN

Herzprobleme sind bei Frauen vor der Menopause selten, da das Östrogen sie schützt. Nach der Menopause jedoch sind Herzerkrankungen bei Frauen ähnlich häufig wie bei Männern. Ein warnendes Frühsymptom für Herzkrankheiten ist die Angina pectoris, eine unzureichende Versorgung des Herzmuskels mit Sauerstoff. Ein Anginaanfall macht sich durch plötzliche Engegefühle und Schmerzen in der Brust bemerkbar, ausgelöst durch körperliche Anstrengung und erleichtert durch Ausruhen. Ohne Ausruhen nehmen die Schmerzen zu, sie strahlen bis in den Nacken, die Zähne, den Kiefer und den linken Arm, gelegentlich auch der rechte. Manchmal können die Schmerzen so stark werden, dass Sie Ihre Tätigkeit unterbrechen müssen. Angina pectoris kann innerhalb der ersten fünf Jahre nach der Menopause auftreten, jeder Schmerz im Bereich der Brust sollte ernst genommen werden und vom Arzt überprüft werden.

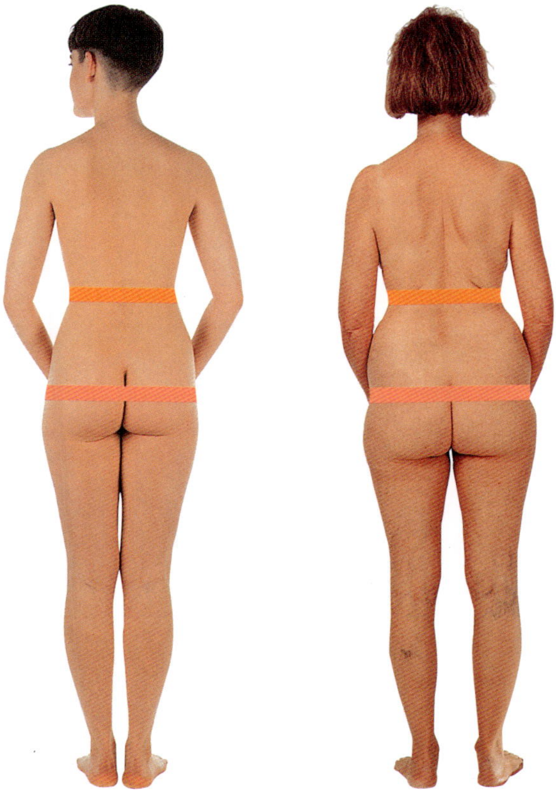

PRÄMENOPAUSE POSTMENOPAUSE

**Der Zusammenhang von Figur und Herzerkrankung**
Vor der Menopause liegt das Taillen-Hüfte-Verhältnis durchschnittlich unter 0,8, gleichbedeutend mit einem geringen Herzrisiko. Nach der Menopause jedoch verändert sich die Fettverteilung und entsprechend das Risiko für Herzerkrankungen. Sie können Ihre persönliche Risikoziffer selbst berechnen, indem Sie Ihren Taillenumfang durch Ihren Hüftumfang teilen.
Ein Beispiel:
74 cm : 94 cm = 0,74 (geringes Risiko)
81 cm : 99 cm = 0,82 (erhöhtes Risiko)

TAILLENMESSUNG

HÜFTENMESSUNG

### SELBSTHILFE BEI HERZBESCHWERDEN

***Die folgenden einfachen Maßnahmen können Ihre Herzgesundheit unterstützen.***

- *Vermeiden Sie Risikofaktoren, wie Rauchen und Übergewicht. Wenn Sie ein paar extra Kilo oder Pfunde mit sich herumtragen, wird es ratsam sein abzunehmen.*
- *Bewahren Sie in Stresssituationen Ruhe (siehe Randspalten S. 41 und 42). Versuchen Sie, spezielle Atemtechniken und Entspannungsübungen zu erlernen.*

Andere Symptome für beginnende Herzerkrankungen sind Herzklopfen, Herzrasen sowie Atemnot oder Kurzatmigkeit bei Anstrengungen. Normale Aktivitäten wie Treppensteigen werden Sie außer Atem kommen lassen oder ein flaues Gefühl im Oberbauch auslösen. Symptome wie Schwindel und Benommenheit, Kopfschmerzen und Sehstörungen können auf Bluthochdruck hinweisen.

## MEDIZINISCHE BEHANDLUNG

Zur Behandlung von Herzbeschwerden gibt es eine breite Palette entsprechender Medikamente: Blutdrucksenker, Entwässerungsmittel und gefäßerweiternde Mittel. Angina pectoris kann durch die Einnahme solcher erweiternder Medikamente bei Anfällen gut kontrolliert werden. Die Erweiterung der Blutgefäße bewirkt eine erhöhte Sauerstoff- und Blutzufuhr zum Herzmuskel. Die Tabletten werden unter die Zunge gelegt, wo sie sich rasch auflösen und ihre Wirkstoffe in den Blutkreislauf abgeben und innerhalb von Sekunden Erleichterung verschaffen. Diese Arzneien können auch vorbeugend eingenommen werden.

Bei hohen Cholesterinwerten wird Ihnen der Arzt cholesterinsenkende Medikamente verschreiben und damit die Wahrscheinlichkeit ernsthafter Herzerkrankungen mindern. Bei schweren Herzerkrankungen können die Implantation eines Herzschrittmachers, eine Bypass-Operation oder eine Ballondilation notwendig werden.

Vorbeugen ist jedoch immer besser als Behandeln. Östrogene spielen auch für Ihre Herzgesundheit eine große Rolle. Wenn Sie einer Risikofamilie bezüglich Herzerkrankungen entstammen, sollten Sie eine HET schon vor der Menopause in Erwägung ziehen. Eine HET ist auch da angesagt, wo bereits frühe Symptome einer Herzerkrankung zu verzeichnen sind oder ein Herzinfarkt stattgefunden hat. Studien haben darüber hinaus ergeben, dass eine ausreichende Östrogenversorgung nach der Menopause das Herzinfarktrisiko um fast 50 Prozent senken kann.

## DIÄT UND TRAINING

Versuchen Sie, den Salzgehalt Ihrer Nahrung zu reduzieren wo auch immer Sie können, selbst in Fertiggerichten. Sie können Ihren Bluthochdruck gar um einige Punkte senken, wenn Sie ganz auf Salz verzichten.

- Neuere Studien weisen darauf hin, dass Knoblauch die Herzgesundheit verbessern kann. Viele Ärzte stehen dem sehr skeptisch gegenüber. Sie können frischen Knoblauch im Essen verwenden oder auch die geruchlosen Knoblauchdragees wählen.

• Regelmäßiges Bewegungstraining ist zum einen die einzige Möglichkeit, ein schwaches Herz zu stärken und zum anderen eine Hilfe, den Bluthochdruck zu senken. Wenn Sie bereits Herzbeschwerden haben, sollten Sie auf jeden Fall Ihren Arzt konsultieren, bevor Sie ein regelmäßiges körperliches Training beginnen.

# PSYCHISCHE PROBLEME

Anspannung, Angst, Depressionen, Antriebsarmut, Reizbarkeit, Weinerlichkeit und Stimmungsschwankungen können in jedem Alter vorkommen. Selten treten jedoch all diese Dinge gemeinsam auf, oder auch so häufig wie in der Menopause. Die Bereiche des Gehirns, die unser Wohlbefinden, unsere positiven Stimmungen steuern, werden mit dem Absinken des Östrogenspiegels beeinträchtigt. Viele Frauen empfinden die Stimmungsschwankungen der Wechseljahre wie eine seelische Achterbahnfahrt. Wir bewegen uns ständig zwischen Begeisterung und Verzweiflung. Die Bandbreite der Beschwerden reicht von leichter Zittrigkeit, Übelkeit, Unwohlsein bis hin zu starken Panikgefühlen, die durch scheinbar nichtige Anlässe hervorgerufen werden. Aufgaben, die wir bisher mit links erledigt haben, erscheinen wie ein riesiger Berg vor uns. Die Zukunft sieht düster aus, unser Selbstbewusstsein und unser Selbstvertrauen sind auf dem Nullpunkt und nicht selten werden wir depressiv. Die Einnahme einer HET kann diese Symptome radikal verändern und uns zur Normalität zurückführen.

Für einige Frauen sind die seelischen Probleme der Wechseljahre auch „einfach" die Folge von immer wieder unterbrochenem Schlaf, das nächtliche Schwitzen und Wachliegen führt zu Reizbarkeit, Ungeduld und Angst. Wenn Sie diese Probleme haben, versuchen Sie die Selbsthilfetipps von Seite 25.

## MEDIZINISCHE BEHANDLUNG

Die Hauptsäule der Behandlung menopausaler Depressionen ist die HET. Studien aus der ganzen Welt haben gezeigt, dass bereits nach zwei bis acht Wochen die Angstzustände und Depressionen nachlassen. Selbst bei jungen, gesunden, nicht depressiven Frauen bewirkt eine Östrogengabe eine deutliche Stimmungsverbesserung. Östrogen beeinflusst wie andere Antidepressiva die Gefühlssteuerung im Gehirn. Es steht der beruhigenden Wirkung anderer Beruhigungsmittel wie Diazepam und Chlordiazepoxid in nichts nach und ist vergleichsweise sehr viel gesünder einzunehmen.

## SELBSTHILFE BEI SEELISCHEN PROBLEMEN

***Wenn Sie die angegebenen Tipps befolgen, werden Sie sehr viel besser mit Ihren seelisch-emotionalen Beschwerden umgehen können.***

• *Sprechen Sie mit Ihrem Partner über Ihre Gefühle. Heftige Stimmungsschwankungen können uns von unserem Partner entfernen. Sie können sogar eine Partnerschaft zerstören. Viele Studien haben belegt, dass Partner die Symptome der Menopause verstehen wollen und viel über die Beschwerden wissen möchten, noch bevor diese einsetzen.*

• *Suchen Sie sich eine Selbsthilfegruppe oder gründen Sie selbst eine. Selbsthilfegruppen leisten bei der Bewältigung einer Depression häufig gute Dienste.*

• *20 bis 30 Minuten körperliches Training reichen aus, um eine Ausschüttung von Endorphinen zu bewirken, den so genannten Stimmungsverbesserern. Das kann Ihnen ein Aktivitätshoch von bis zu 8 Stunden bescheren. Außerdem lindert das Körpertraining auch Hitzewallungen und nächtliche Schweißausbrüche, die nicht zuletzt die Ursache von Depressionen sein können.*

• *Yoga, Entspannungs- und Meditationstechniken lassen uns innere Ruhe finden und helfen, Angst sowie Anspannung zu überwinden.*

## INTELLEKTUELLE SELBSTHILFE

***Jede Art von Arbeit oder Ausbildung wird Ihre geistigen Fähigkeiten auf Dauer erhalten.***

*Es ist nie zu spät, einen Job anzunehmen, obwohl viele Frauen in den Wechseljahren glauben, zu alt zu sein. Viele Abendkurse in Volkshochschulen und Hochschulen bieten eine breite Palette an Kursen an, besonders auch für Wiedereinsteigerinnen.*

## MEDIZINISCHE THERAPIE

***Die meisten mentalen Fähigkeiten bessern sich durch eine HET. Unser Selbstvertrauen steigt, wir fühlen uns wieder fit und entscheidungsfähig, können uns besser konzentrieren und vergessen nicht soviel.***

*Sehr komplizierte Untersuchungen legten offen, dass eine ausreichende Östrogenversorgung des Gehirns auch für das Gedächtnis verantwortlich ist. Östrogen steuert unser sprachliches Erinnerungsvermögen, unsere Informationsspeicherung. Es beeinflusst unsere Fähigkeit, Erfahrungen zu verarbeiten und neue realistische Erkenntnisse daraus zu gewinnen. Es ist auch zuständig für ein zielgerichtetes, flexibles Denken, so dass wir situationsgemäß, statt unbeweglich und ungeduldig, reagieren.*

## ERGÄNZENDE THERAPIEN

Pflanzliche Heilmittel aus der Passionsblume und Baldrian haben eine beruhigende Wirkung. Die Passionsblume hilft besonders bei Schlaflosigkeit und erhöht den Serotonin-Spiegel im Blut, was wiederum unser Wohlbefinden steigert. Ein Bad mit einem Aufguss aus unseren bevorzugten Kräutern bewirkt wahre Wunder.

Menopausalen Depressionen und Stress kann man mit Ingwerwurzeln, Cayennepfeffer, Löwenzahnwurzeln und sibirischem Ginseng entgegenwirken. Diese Therapien schlagen vermutlich deshalb so gut an, weil diese Pflanzen wichtige Nährstoffe beinhalten: Löwenzahn enthält beispielsweise Magnesium und Bioflavonide, Ginseng hat einen belebenden Effekt und gilt mit Süßholzwurzel zusammen als wirksames Mittel gegen Mattigkeit und Depression.

# GEISTIGE SYMPTOME

Vergesslichkeit ist eines der meist genannten Symptome, über die Frauen in den Wechseljahren klagen – und man kann es schon früh vor der Menopause spüren. Wir vergessen, wohin wir gerade etwas gelegt haben und versäumen Verabredungen; Dinge, die wir uns früher leicht merken konnten, fallen uns plötzlich schwer. Auch unsere Konzentrationsfähigkeit lässt uns manchmal im Stich, komplexes Denken erfordert ungewöhnlich viel Anstrengung von uns. Selbst einfache Entscheidungen werden zum Problem.

## DIÄT UND TRAINING

Bislang haben sich nur wenige Studien mit dem Einfluss der Ernährung auf die geistige Verfassung beschäftigt. Allerdings gibt es einige Hinweise, dass Vitamine B 1 und B 12 sowie Mineralien wie Kalzium und Kalium die Funktionen des Gehirns positiv beeinflussen. Man kann ihre Einnahme relativ einfach in den normalen Speiseplan mit einbeziehen, (siehe S. 36 und 37). Die meisten Vitamine müssen jedoch mit anderen Vitaminen und Mineralstoffen eingenommen werden, damit der Körper sie auch richtig absorbieren und verarbeiten kann.

Regelmäßiges körperliches Training wird auch Ihre geistigen Fähigkeiten positiv beeinflussen, sie wacher und konzentrationsfähiger machen. Ein strammer Spaziergang an der frischen Luft für 20 Minuten täglich wird Sie geistig und körperlich fit halten.

3

KAPITEL

# DIE GESUNDE MENOPAUSE

Sich während des Klimakteriums genau zu beobachten und zu pflegen ist der Schlüssel zu einem kontinuierlich gesunden, glücklichen und aktiven Leben. Wir müssen die Signale unseres Körpers lesen lernen und sensibel darauf reagieren – das wird uns mit Stolz und Zufriedenheit erfüllen. Es besteht einfach kein Zweifel an der Tatsache, dass es nicht schwer ist, sich guter Gesundheit zu erfreuen. Wer sich gesund ernährt, fühlt sich wohl, wer das Gewicht kontrolliert, sieht besser aus, und wer sich fit hält, verfügt über Energie und ein gesteigertes Selbstbewusstsein. Mehr noch: Jede Anstrengung wird schnell sichtbar und gibt uns den Ansporn zum Weitermachen.

## NOTWENDIGE VITAMINE

***Frische Nahrungsmittel liefern alle notwendigen Vitamine.***

**Vitamin A** *Karotten, Spinat, Rüben, Aprikosen, Leber, Süßkartoffeln, Kantalupen, Melonen.*

**Folsäure** *Grünes Blattgemüse, Nüsse, Erbsen, Bohnen, Leber und Niere. Folsäure verhindert einen offenen Rücken und die Bildung eines Wasserkopfs bei Ungeborenen. Denken Sie daran, obwohl die Menopause das Ende der Fruchtbarkeit markiert, können Sie bis zu zwei Jahren nach der letzten Periode schwanger werden.*

**Vitamin B 3** *Fleisch und Geflügel, Fisch, Hülsenfrüchte, Vollkorn, Kleie.*

**Vitamin B 6** *Fleisch und Geflügel, Fisch, Bananen, vollwertige Getreideflocken, Milchprodukte. Vitamin B 6 unterstützt die Behandlung von PMS-Symptomen.*

**Vitamin B 12** *Fisch, Geflügel, Eier und Milch, mit B 12 angereicherte Soja-Produkte (kein Gemüse enthält B 12). Vitamin B 12 verhindert bösartige Anämie.*

**Vitamin C** *Zitrusfrüchte, Erdbeeren, Brokkoli, grüne Paprika.*

**Vitamin D** *Fetthaltiger Fisch, angereicherte Getreideflocken und Brot, angereicherte Margarine, Sonnenlicht.*

**Vitamin E** *Pflanzliche Öle, grünes Blattgemüse, Getreideflocken, getrocknete Bohnen, Vollkornprodukte und -brot.*

# GESUNDE ERNÄHRUNG

Wenn wir älter werden, lässt die Aktivität unseres Verdauungstraktes nach. Es fällt unserem Körper zunehmend schwerer, kalorienreiche, aber nährstoffarme Nahrungsmittel zu verarbeiten. Obwohl wir weniger Kalorien als früher brauchen, benötigen wir immer noch die gleiche Menge an Vitaminen und Mineralstoffen. Die gesündeste Diät während der Wechseljahre besteht aus rohen, naturbelassenen Lebensmitteln wie etwa Obst, Gemüse, Vollkornprodukten, Meerestieren, etwas Öl und Eiern. Biokost, also gesunde Nahrungsmittel, ist heute fast überall erhältlich. Der Schwerpunkt sollte auf einer hochwertigen Kohlenhydratzufuhr beruhen, der man proteinhaltige, also eiweißhaltige, Lebensmittel sparsam wie Würze hinzufügt.

Wenn sich der Stoffwechsel und die chemischen Reaktionen unseres Körpers beginnen zu verlangsamen, ist es ganz besonders wichtig, auf eine ausreichende Versorgung mit Vitaminen und Mineralstoffen zu achten. Die richtige Ernährung kann einen merklich positiven Einfluss auf die Beschwerden der Menopause haben und uns unabhängig von Ärzten und Medikamenten machen.

Etwas Eiweiß in unserer Ernährung ist notwendig, aber zu viel davon, besonders in Form von fettem Fleisch, kann die Kalziumaufnahme beeinträchtigen. Wenn Sie bislang eine ausgesprochene Fleischesserin waren, so kann dies Ihr Osteoporoserisiko erhöhen. Reduzieren Sie daher den Anteil an Fleisch in Ihrer Diät und ersetzen Sie es durch Fisch, Reis, Bohnen, Gemüse und Hartweizennudeln.

Unser Körper braucht jedoch eine gewisse Menge Fett für die Funktionen, die ausnahmslos nur das Fett übernehmen kann, so beispielsweise, um den Kalziumstoffwechsel in Gang zu halten. Die mehrfach ungesättigten oder auch essentiellen Fettsäuren, wie man sie in natürlichen Nahrungsmitteln, das heißt in pflanzlichen Ölen oder auch Fischölen findet, sind die beste Form des Fetts. Meiden Sie dagegen gesättigte Fettsäuren, das sind zur Hauptsache Fette, die bei Raumtemperatur fest sind, wie Butter und Schmalz, aber auch manche pflanzliche Öle, wie das Kokos- oder Palmöl, die beide in vielen Fertigprodukten vorzufinden sind.

Fermentierte Milchprodukte, wie etwa Jogurt, begünstigen die Kalziumaufnahme. Auch Menschen, die in der Regel Vollmilchprodukte nicht gut „verarbeiten" können, vertragen fermentierte Milchwaren meistens gut, da diese durch die Vorbehandlung teilweise „vorverdaut" sind.

## ZUCKERREDUKTION

Die meisten Menschen essen zu viel Zucker. Die folgenden Richtlinien sollen Ihnen helfen, Zucker zu reduzieren.

- Schränken Sie den Verzehr von Fertiggerichten, fertigen Würzsaucen, Ketchup, Kuchen, Biskuits, Süßigkeiten und Erfrischungsgetränken ein, denn all diese Nahrungsmittel haben einen enorm hohen Zuckergehalt.
- Vermeiden Sie raffinierte Kohlenhydrate wie Weißmehl, Weißbrot und geschälten Reis, denn diese enthalten nur noch wenig Ballaststoffe und können zum Übergewicht beitragen.
- Reduzieren Sie die Zuckermengen beim Kochen und Backen um ein Drittel; es wird den Geschmack nicht beeinträchtigen.
- Befriedigen Sie Ihren Heißhunger auf Süßes mittels gesünderen Alternativen, wie frischem Obst und Obstsäften.
- Essen Sie mehr Ballaststoffe. Eine ballaststoffreiche Diät sättigt und senkt das Verlangen nach Süßem.
- Sollten Sie einen „süßen Zahn" haben, ersetzen Sie den Zucker Schritt für Schritt mit gesünderen Süßstoffen, wie Honig, der außerdem süßer als Zucker schmeckt. In Backwaren können Sie den Zucker auch durch Obst ersetzen.

## SALZREDUKTION

Reduzieren Sie ebenfalls den Salzverzehr:

- Essen Sie weniger Fertigprodukte, wie Hamburger, Salatsaucen, Würstchen, Pizza oder Pommes Frites. Wenn Sie solche Artikel kaufen, achten Sie darauf, solche Marken zu kaufen, die kein zusätzliches Salz enthalten.
- Salzen Sie bereits gekochtes Essen nicht nach. Obst, Gemüse, Fleisch und Körner enthalten ausreichend Salz für Ihre Ernährung.
- Unterstreichen Sie den natürlichen Salzgehalt in Nahrungsmitteln mit Knoblauch, Kräutern, Gewürzen und Zitrone.
- Ersetzen Sie Tafelsalz durch Salz auf Kaliumbasis – es ist gesund und wird möglichen Bluthochdruck oder Herzerkrankungen nicht verschlechtern.
- Würzen Sie Gemüse mit getrocknetem Seetang, wie etwa Kelp oder Nori. Sie sind reich an Jod und vielen Spurenelementen.

## BALLASTSTOFFE

Die folgenden einfachen Tipps werden Ihnen helfen, Ihre Ballaststoffzufuhr zu erhöhen. Stellen Sie Ihren Essensplan um, gehen Sie langsam über zu ballaststoffreicher Rohkost. Eine solche Umstellung der Essgewohnheiten dauert einige Monate.

## NOTWENDIGE MINERALIEN

***Frische Nahrungsmittel liefern Ihnen alle lebensnotwendigen Mineralien.***

***Kalzium*** *Milch und Milchprodukte, dunkelgrünes Blattgemüse, Zitrusfrüchte, getrocknete Erbsen und Bohnen.*

***Magnesium*** *Grünes Blattgemüse, Nüsse, Sojabohnen, Vollkornflocken.*

***Kalium*** *Orangensaft, Bananen, Trockenfrüchte, Erdnussbutter, Fleisch.*

***Zink*** *Fleisch, Leber, rotes Fleisch, Eigelb, grünes Blattgemüse, Trockenfrüchte.*

***Jod*** *Meerestiere, Fisch, Seetang, zum Beispiel Nori und Kelp.*

***Chrom*** *Fleisch, Käse, Vollkorngetreide, Brot.*

***Selen*** *Meerestiere, Fleisch, Vollkornflocken.*

***Mangan*** *Nüsse, Obst und Gemüse, Vollkornflocken.*

***Bioflavon*** *Alle Zitrusfrüchte, besonders das Fruchtfleisch und -mark, Sojaprodukte.*

## POSITIVES ESSEN

***Obwohl Sie in diesem Lebensabschnitt weniger Kalorien brauchen, benötigt Ihr Körper gleichwohl dieselbe Menge an wertvollen Nährstoffen.***

- *Kalorienzählen ist aufwändig und lästig. Stellen Sie lieber Ihre Diät um. Ersetzen Sie „leere" Kalorien wie Fett und Zucker durch eine ausgewogene Ernährung.*
- *Sie können nicht nur das verändern, was Sie essen, sondern auch, wie Sie essen. Fünf oder sechs kleine Mahlzeiten über den Tag verteilt, erweisen sich als wirksame Gewichtskontrolle; beim Verzehr jeder Mahlzeit verbrauchen Sie bereits Energie. Kleine, häufige Mahlzeiten verhindern das Absinken des Blutzuckerspiegels, was Heißhungerattacken nach sich ziehen kann.*

- Steigen Sie auf Vollkornbrot um.
- Nehmen Sie Vollkornflocken zum Frühstück.
- Essen Sie Suppen aus Bohnen, Erbsen oder Mais.
- Reichern Sie Ihre Salate mit unterschiedlichen Bohnen- oder Erbsensorten an.
- Wählen Sie dunkelgrüne Blattsalate wie Spinat, glatten oder gekräuselten Endiviensalat statt blassem Eisbergsalat.
- Essen Sie Bohnendips zu rohen Gemüsen oder Pita-Brot aus Vollweizen.
- Benutzen Sie nicht raffiniertes Mehl, Nüsse und Sesamsamen, wann immer möglich in Ihren Standardrezepten.
- Für den kleinen Hunger: Vollkorncracker und Trockenfrüchte.
- Essen Sie Weizenvollkorngebäck statt Kuchen und Biskuits.

## BELASTENDE LEBENSMITTEL

Zucker, Koffein, Alkohol und andere Substanzen tragen zu Wechseljahrsbeschwerden bei. Solche Lebensmittel enthalten wenig Nährstoffe – manche von ihnen machen sogar süchtig. Ersetzen Sie sie durch gesündere Alternativen. Vorschläge hierzu finden Sie in der Tabelle unten. Meiden Sie ebenfalls schwarzen Pfeffer und Fertigmahlzeiten, die Monosodium Glutamat enthalten, außerdem scharfe Gewürze, die Hitzewallungen verstärken können – oder halbieren Sie die angegebenen Mengen.

### GESUNDE ALTERNATIVEN FÜR BELASTENDE LEBENSMITTEL

| BELASTEND | ERSATZ |
|---|---|
| **135 g Weißmehl** | 135 g Weizenvollkornmehl |
| **1 Schokoladenriegel** | 1 Karobriegel oder 1Esslöffel Karob gemahlen |
| **1 Esslöffel Kaffee** | 1 Esslöffel entkoffeinierter Kaffee |
| **½ Teelöffel Salz** | ½Teelöffel der folgenden Ersatzstoffe: Kalium-Salzersatz, Hefeextrakt, getrockneter Basilikum, Estragon oder Oregano |
| **125 ml Wein** | 125 ml Wein mit geringem Alkoholanteil |
| **250 ml Bier** | 250 ml Bier mit geringem Alkoholanteil |
| **250 ml Milch** | 250 ml Sojamilch |
| **150 g Zucker** | Entweder: 50 ml Melasse, 100 ml Honig, 100 ml Ahornsirup, 100 ml Gerstenmalz oder 400 ml Apfelsaft |

# GEWICHTSKONTROLLE

Viele Studien zu Ernährungsgewohnheiten zeigten, dass Menschen, die nur drei große Mahlzeiten pro Tag zu sich nehmen, wesentlich mehr Köperfett aufweisen, als jene Menschen, die mehrere kleine Mahlzeiten essen. Auch wer abnehmen muss, kommt mit vielen kleinen Mahlzeiten besser zurecht, da die unangenehmen Hungerattacken entfallen – auch dieser Weg führt zu Gewichtsabnahme.

Lassen Sie sich nicht auf Blitzdiäten oder auch lang angelegte Diäten ein, die wenig mehr als (Ver-)Hungerkuren sind. Der anfängliche Gewichtsverlust mag imposant erscheinen, aber weniger als die Hälfte davon ist wirklich Fett, das meiste ist Wasser, und zusätzlich werden Sie wertvolles Eiweiß verlieren. Eine Diät, die etwas unter 1000 Kalorien pro Tag erlaubt, mag gerade noch ausreichend sein; eine strenge Diät, die lediglich rund 500 Kalorien anbietet, ist für die adäquate Versorgung einer erwachsenen Frau ungeeignet.

Eine Blitzdiät bietet stark übergewichtigen Menschen eine Chance, bis zu sechs Pfund pro Woche abzunehmen. Wissenschaftliche Untersuchungen bewiesen jedoch, dass gegen Ende solch langer Diätperioden der Gewichtsverlust langsam nachlässt und in eine Gewichtszunahme umschlägt, wenn man wieder beginnt, normal zu essen. Mit anderen Worten: Der Körper passt sich dem Hungern an.

Je weniger Kalorien wir unserem Körper zuführen, desto weniger braucht er, bis er mit weniger als 300 Kalorien am Tag auskommt. Eine Rückkehr zu normalen Essgewohnheiten wird unweigerlich in Gewichtszunahme resultieren, da die Körperreserven an Glykogen ersetzt werden. Das ist besonders deprimierend, wenn man viel Energie darauf verwendet hat, abzunehmen. Es ist allgemein bekannt, dass ein Mensch, der eine sehr strikte Diät hinter sich hat, Heißhungerattacken nachgeben wird und somit in das Auf und Ab des abwechselnden Hungerns und Überessens gerät. Dies schadet sowohl der Gesundheit als auch dem Selbstwertgefühl.

## ESSGEWOHNHEITEN VERÄNDERN

Essen Sie nicht nach einem festen Speiseplan, sondern überlegen Sie, was Sie wann am liebsten essen würden und wie viel Zeit Sie für die Zubereitung brauchen. Verschieben Sie zum Beispiel das Zubereiten aufwändiger Mahlzeiten auf das Wochenende, und wählen Sie nahrhafte, aber einfach und schnell zuzubereitende Gerichte für wochentags.

## ACHTEN SIE AUF IHR GEWICHT

***Ihr Verdauungssystem wird eine „Knabber"-Diät vorziehen, besonders wenn Sie unter Verdauungsstörungen oder Übersäuerungsproblemen leiden. Probieren Sie die folgenden Tipps aus, um Ihren Appetit zu zügeln***

- *Trinken Sie 250 ml Wasser vor dem Essen. Sie werden sich am Ende der Mahlzeit zufriedener und gesättigt fühlen.*
- *Servieren Sie Ihr Essen auf einem kleinen Teller. Es erleichtert die Kontrolle über die Menge, die Sie zu sich nehmen.*
- *Essen Sie vor allem langsam. Sie werden sich gesättigter fühlen, und es besteht eine geringere Chance, zu viel zu essen.*
- *Eine Stunde vor dem Essen Gymnastik wird Ihren Appetit mindern.*
- *Vermeiden Sie es, ausgedehnte Mahlzeiten spätabends zu sich zu nehmen, denn der nachfolgende Schlaf wird nicht viel Kalorien verbrennen.*

## KÖRPERLICHES TRAINING

***Regelmäßiges Körpertraining hat eine positive Wirkung auf Körper und Geist. Es bietet:***

- *Ein reduziertes Risiko hinsichtlich Herzerkrankungen.*
- *Ein vermindertes Risiko, an Diabetes zu erkranken.*
- *Den Erhalt von Muskelspannung und -kraft.*
- *Einen höheren Anteil gesunden Cholesterins im Blut.*
- *Gesündere Knochen und ein reduziertes Osteoporoserisiko in späteren Jahren.*
- *Weniger Körperfett.*
- *Verbesserte geistige Beweglichkeit.*
- *Weniger Kopfschmerzen.*
- *Verbesserte Schlafqualität.*
- *Bewegliche Gelenke.*

# SICH FIT HALTEN

Es besteht kein Zweifel, dass körperliche Fitness in den Wechseljahren unersetzlich ist. Es hilft, unseren Körper und unsere Gefühle besser zu kontrollieren. Jedes Mal, wenn wir uns körperlich betätigen, werden die Adrenalindrüsen stimuliert und verwandeln das männliche Hormon Androstendion in Östrogen um. Mit einem Bewegungstraining von viermal 30 Minuten pro Woche kurbeln Sie Ihre eigene, wenn auch geringe, Östrogenproduktion an. Wenn wir älter werden, lässt die Herz-Kreislauf-Fitness, die Kraft und die Beweglichkeit einfach nach. Für Frauen, die aktiv bleiben, fällt dies nicht so gravierend aus. Während man dieses Nachlassen normalerweise mit neun Prozent pro Jahrzehnt berechnet, sind es bei aktiven Frauen nur fünf Prozent.

Langfristiges Training bedeutet auch, dass unsere Knochen fester bleiben und ein geringeres Osteoporose-Risiko besteht. Obwohl es bei jeder Frau anders ist, kann man doch durchschnittlich von einem Verlust an Knochenmasse von etwa 25 bis 30 Prozent bis zum 65. Lebensjahr ausgehen. An Knochendichte verlieren wir langsam ab dem 35. Lebensjahr bis zur Menopause mit einer Steigerung während der folgenden fünf bis sieben Jahre nach der Menopause, wenn die Östrogenwerte besonders niedrig sind.

Regelmäßiges körperliches Training hat außerdem entsprechend günstige Auswirkungen auf unsere geistige Beweglichkeit, da die Sauerstoffzufuhr zum Gehirn erhöht wird. Der Vergleich zwischen älteren Frauen, die sich nur sehr wenig bewegen, und solchen, die regelmäßig trainieren, zeigte, dass die trainierten Frauen Informationen in einem Test beispielsweise um einiges schneller verarbeiten konnten. Ein Bewegungstraining verhindert fernerhin, dass sich unsere Reaktionszeiten verlangsamen.

## WELCHE ART DER BEWEGUNG?

Welche Art der Bewegung Sie vorziehen, hängt natürlich von den individuellen Möglichkeiten ab, wie viel Zeit Sie haben und wo Ihre Interessen liegen. Heutzutage gibt es ein breites Angebot an Möglichkeiten – und das nicht nur im Fitness-Center oder im Sportverein. Wenn Sie zuhause trainieren wollen oder müssen, stehen Ihnen viele ausgezeichnete Videos oder andere Veröffentlichungen zur Verfügung, die Ihnen Anleitung geben, wie Sie Ihre Muskelkraft und -spannung am besten erhalten.

Vielleicht ziehen Sie es vor, Tennis, Badminton oder Squash zu spielen, alles Sportarten, bei denen Sie andere Leute kennen lernen werden. Genauso ist es auch bei Aerobic-Kursen oder

Gymnastikzirkeln – die Gemeinschaft motiviert, regelmäßig zu trainieren. Weniger anstrengende und traditionellere Übungsformen, wie Gehen(Walken) oder Schwimmen, bieten Alternativen und helfen, den Körper fit und beweglich zu halten. Leider kann man die positiven Effekte des Trainings nicht „speichern"– es muss regelmäßig geschehen, um wirklich gesundheitsfördernd wirken zu können (siehe linke Spalte).

## POSITIV DENKEN

Der erste Schritt, Ihr Leben neu in die Hand zu nehmen und Ihre Menopause zu bewältigen, ist, Ihren Körper aufzubauen. In gesundheitlichen und medizinischen Fragen müssen Sie die aktive Rolle übernehmen. Sie müssen alle Möglichkeiten kennen und auch wahrnehmen, um so vielen Problemen wie möglich gewachsen zu sein. Sie sind diejenige, die entscheidet, ob und wie Sie jeglichem Wechseljahrproblem entgegen treten. Sie bestimmen die Strategie. Ob Sie zu Selbsthilfemaßnahmen greifen, wie etwa zu ergänzenden Therapien der Heilkräuterkunde oder der Homöopathie, oder sich für konventionelle medizinische Hilfe entscheiden. Um diese Ziele zu erreichen, brauchen Sie ein gestärktes Selbstwertgefühl, Optimismus und den Willen, die nötigen Anstrengungen zu unternehmen. Sobald Sie die Dinge fest in die Hand nehmen und kontrollieren, werden Ihr Selbstbewusstsein und Ihre Gesundheit großen Nutzen daraus ziehen. Der zweite Schritt, Ihr Leben neu zu gestalten, ist, Ihre mentalen Kräfte neu auszurichten. So wie mit Ihrem Körper, müssen Sie sich selbst gegenüber eine positive Haltung einnehmen und sich genauso den Mühen unterziehen, die notwendig sind, um von Ihrer Familie und Ihrer Umgebung das zu erhalten, was Sie sich wünschen und was Sie brauchen. Nehmen Sie dabei ruhig professionelle Hilfe von Ärzten und anderen Beratern in Anspruch. Unterstützen Sie sich dabei mit positiven Sätzen, wie „Weiblichkeit geht weiter als Fruchtbarkeit", und vergessen Sie nicht, dass die Menopause nicht der Anfang vom Ende ist – es ist erst der Anfang vom Rest Ihres Lebens.

Hängen Gesundheit und Lebensenergie während der Wechseljahre zum Großteil davon ab, dass Sie eine ausgewogene Diät befolgen und regelmäßig Sport treiben, sind dies aber nicht die einzigen Ressourcen, auf die Sie zurückgreifen können. Erholung, Entspannung und eine Vielzahl an Freizeitaktivitäten werden Ihnen helfen, geistig und körperlich aktiv zu bleiben. Sie brauchen selbstbestätigende Gedanken, um Ihr Selbstbewusstsein zu stärken und Selbstzweifel zu vermeiden. Denken Sie niemals von sich, Sie seien unattraktiv, glanzlos oder nicht zeitgemäß.

## TIEFE MUSKELENTSPANNUNG

***Folgen Sie den angegebenen Schritten, um Ihren Körper zu entspannen.***

***1*** *Suchen Sie sich einen ruhigen Platz, legen Sie sich auf den Rücken oder setzen Sie sich in einen bequemen Sessel und schließen Sie die Augen.*

***2*** *Zuerst die rechte Hand anspannen und loslassen – oder die linke, wenn Sie Linkshänderin sind. Stellen Sie sich vor, Ihre Hand sei schwer und warm. Diese Vorstellung wiederholen Sie erst für den Unterarm, den Oberarm, die Schulter, den Fuß, den Unterschenkel und zuletzt für den Oberschenkel. Anschließend wiederholen Sie die gesamte Übung mit der anderen Körperhälfte. Jetzt werden sich alle Ihre Gliedmaßen warm und schwer anfühlen. Lassen Sie sich etwas Zeit, dieses Gefühl zu spüren und sich daran zu gewöhnen.*

***3*** *Jetzt entspannen Sie die Hüft- und Bauchmuskulatur auf die gleiche Art und Weise. Lassen Sie die Entspannung vom Bauch bis in die Brust fließen. Sie werden merken, dass sich Ihre Atmung verlangsamt.*

***4*** *Lassen Sie nun die Entspannung in die Schultern, den Kiefer und das Gesicht wandern, und achten Sie besonders auf die Partie zwischen Augen und Stirn. Nun anspannen und langsam wieder lösen. Beenden Sie die Übung mit der Vorstellung, dass Ihre Stirn glatt und kühl ist.*

## TIEFE MENTALE ENTSPANNUNG

***Befolgen Sie die angegebenen Schritte, um Ihren Kopf zu entspannen.***

*1 Lassen Sie Ihre Gedanken frei fließen.*

*2 Stoppen Sie wiederkehrende negative Gedanken, indem Sie so lange „Nein“ dazu sagen, bis diese verschwinden.*

*3 Schließen Sie die Augen und stellen Sie sich eine ruhige Szene vor, wie ein ruhiges blaues Meer. Was immer Sie sich vorstellen, versuchen Sie, die Farbe Blau mit einzubeziehen. Blau wirkt beruhigend und entspannend.*

*4 Konzentrieren Sie sich nun auf Ihre Atmung – sie sollte tief und langsam sein. Gehen Sie jeden Atemzug gedanklich mit.*

*5 Jetzt dürften Sie sich ruhig und entspannt fühlen. Vielleicht fügen Sie ein beruhigendes Wort oder Mantra wie „Liebe“, „Friede“ oder „Ruhe“ hinzu.*

*6 Vergessen Sie nicht, dass Ihre Gesichtsmuskeln, Ihre Augen und Stirnpartie entspannt sein sollen, und stellen Sie sich vor, dass Ihre Stirn kühl und glatt ist.*

## GEISTIG FIT BLEIBEN

Ohne Stimulation wird auch unser Gehirn langsamer werden. Wir können viel von den Leuten lernen, deren geistige und emotionale Reserven wir bewundern. Die folgenden Eigenschaften entwickeln sich aus emotionaler Offenheit, Flexibilität und Selbstvertrauen heraus.

- Eigene Unabhängigkeit und Respekt vor der Unabhängigkeit, der Privatsphäre und dem Ruhebedürfnis anderer.
- Keine Selbstvorwürfe. Wenn ein Problem auftaucht, betrachten und bewerten wir es objektiv.
- Nichts ist ohne Hoffnung. Probleme sind da, um gelöst zu werden.
- Innere Sicherheit, die sich nicht aus der Kontrolle über andere definiert.
- Wenige enge, intensive Freundschaften, statt vieler oberflächlicher Beziehungen.
- Eine realistische Einschätzung der Ziele, die wir uns selbst setzen können.
- Wir sind uns unserer Gefühle bewusst und äußern sie frei.

## GEDÄCHTNISTRAINING

Mit den folgenden Tipps können Sie Ihr Gedächtnis trainieren und verbessern.

- Wenn Sie ein Buch oder einen Artikel lesen, machen Sie eine kurze Zusammenfassung für einen Freund.
- Schauen Sie beim Einkaufen so selten wie möglich auf Ihren Einkaufszettel.
- Wenn Sie sich mehrere Dinge auf einmal merken möchten, versuchen Sie es mit einer Eselsbrücke. Bilden Sie mit den Anfangsbuchstaben der zu erledigenden Aufgaben ein Wort – zum Beispiel: bügeln, einkaufen, telefonieren – BET.
- Wenn Sie von einem Raum in einen anderen gehen und vergessen, was Sie dort tun wollten, so gehen Sie zurück und warten, bis es Ihnen wieder einfällt.
- Wenn Sie etwas verloren haben, verfolgen Sie den Weg des verlorenen Gegenstandes nach der Ausschlussmethode zurück. Schreiben Sie die letzten sechs Dinge auf, die Sie taten, bevor Sie den Verlust bemerkten. Erinnern Sie sich an die Orte, wo Sie sich aufhielten, und zeichnen Sie sie auf, und suchen Sie diese genau ab.

KAPITEL 4

# Was bedeutet HET?

HET, Hormonersatztherapie, zielt darauf ab, den Mangel an weiblichen Hormonen, Östrogene und Progesterone, während der Wechseljahre zu korrigieren. Die Ärzte verschreiben beide Hormone in einer Vielzahl von Kombinationen, um Beschwerden wie Hitzewallungen zu lindern und ernste Gesundheitsprobleme wie Osteoporose zu verhindern, die bei Östrogendefizit auftreten. Die HET wird für jede Frau individuell zusammengestellt. Dieses Kapitel beschreibt die verfügbaren Methoden und Medikamente, erläutert Vor- und Nachteile jeder Behandlungsform und hilft Ihnen, die richtige Methode zu finden.

## WER KANN EINE HET NEHMEN?

***Die Hauptsäule der schulmedizinischen Behandlung von Wechseljahrsbeschwerden ist die HET. Die Menopause wird als ein Stadium des Hormondefizits angesehen, das mit einer HET ausgeglichen werden kann, da diese die verringerte Hormonproduktion der eigenen Eierstöcke ersetzt.***

*Aufgrund der großen Vielfalt an Hormonpräparaten und der zahlreichen Darreichungsformen können die meisten Frauen eine ihnen angemessene HET finden. Für Frauen, bei denen Gegenanzeigen zutreffen (siehe S. 58), oder für Frauen, die keine HET wünschen, gibt es alternative Therapien.*

## ES IST IHRE ENTSCHEIDUNG

***Wenn Sie die Vorzüge einer HET kennen, bedeutet das, dass Sie eine informierte und intelligente Entscheidung treffen können. Nur Sie tragen letztendlich die Verantwortung für Ihre Gesundheit.***

*Es ist wichtig, so viel Information wie möglich zu besitzen und die größtmögliche Motivation zur Gesunderhaltung zu stärken. Im Durchschnitt leben die Frauen, die eine HET durchführen, drei bis vier Jahre länger als ihre Zeitgenossinnen. Alles in allem scheint eine HET mit weniger Risiko verbunden zu sein als keine HET.*

# WAS SIND HORMONPRÄPARATE?

Die Basis aller Hormonersatztherapien ist Östrogen. Progestogene werden nur hinzugefügt, um eine Abbruchsblutung zu veranlassen. Neben den Hauptsäulen der HET, dem Verschreiben von natürlichem Östrogen und Progestogen gibt es auch andere Hormonpräparate, wie Medroxyprogesteronacetat oder Norgestrel, das oft zur Empfängnisverhütung verschrieben wird. Beide Progestogene können Hitzewallungen beseitigen.

## HORMONPRÄPARATE

HET ist ein Ersatz für die weiblichen Sexualhormone Östrogen und Progesteron. Es wird verschrieben, wenn das Niveau der körpereigenen Hormonproduktion sinkt, meistens während und nach der Menopause. Östrogen wird verabreicht, um die gesamte Gesundheit des weiblichen Körpers zu erhalten. Progestogen hingegen veranlasst das Abstoßen der Gebärmutterschleimhaut (siehe Randspalte, S. 47), was seinerseits ein Verdicken der Schleimhaut und Gebärmutterkrebs verhindern kann.

Am häufigsten werden Östrogene verwendet, die dem körpereigenen Östradiol, das in den Eierstöcken produziert wird, chemisch sehr ähneln. Manche Präparate enthalten auch konjugierte, equine Östrogene, die aus dem Urin schwangerer Stuten gewonnen werden. Progesteron wird stets in der synthetischen Form des Progestogens gegeben, da unser Stoffwechsel natürliches Progesteron so schnell verarbeitet, dass die Wirkung von Progesterontabletten nur sehr kurz anhalten würde.

Der normale Menstruationszyklus wird durch eine bestimmte Abfolge in der körpereigenen Östrogen- und Progesteronproduktion gesteuert (siehe Randspalten S. 14 und 15). Daher liegt es nahe, eben diese Hormone auch in die HET aufzunehmen. Ein weiteres wichtiges Hormon ist das männliche Geschlechtshormon Testosteron, das ebenfalls von den Eierstöcken produziert wird. Frauen, deren Eierstöcke entfernt wurden, verfügen nur noch über die Hälfte der normalen Testosteronproduktion. Hohe Östrogenwerte während einer HET können die Menge des verfügbaren Testosterons verringern. Ein großer Teil des weiblichen Geschlechtstriebs wird dem männlichen Hormon zugeschrieben; wenn Sie also eine HET nehmen und an einem Verlust der Libido leiden, sollten Sie mit Ihrem Arzt über eine verringerte Testosterondosis sprechen.

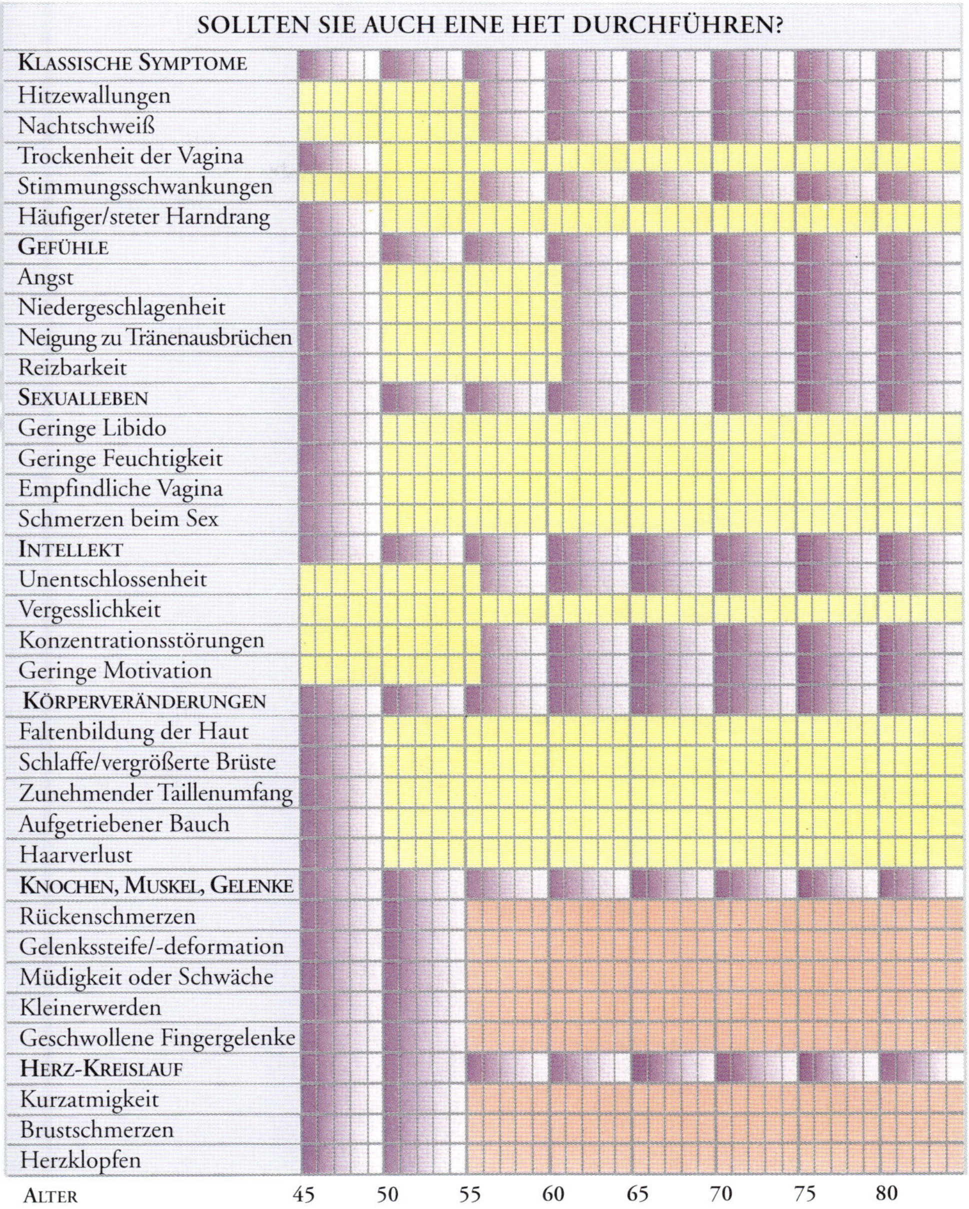


**Sind Sie eine HET-Kandidatin?**

Die orange- und die gelbfarbigen Streifen in dieser Tabelle zeigen das Maximum der Symptome, die in den Wechseljahren und danach auftreten können. Suchen Sie ihre Altersangabe am unteren Rand der Tabelle und schauen Sie dann, welche Symptome für Frauen Ihres Alters typisch sind. Wenn Sie zwei oder mehr dieser Symptome spüren, sind Sie eine HET-Kandidatin. Sollten Sie eines oder mehrere der Symptome aus dem orangenen Bereich bemerken, kann eine HET Sie möglicherweise vor künftigen Herz- und Knochenbeschwerden schützen.

## ÖSTROGEN-INFORMATION

***Neben den natürlichen und synthetischen Östrogenen kennt die Medizin auch andere Substanzen mit östrogenhaltiger Wirkung, die jedoch streng genommen nicht zu den Östrogenen zählen.***

*Synthetisches Östrogen ist wesentlich wirksamer als natürliches Östrogen, was zu unerwünschten Nebenwirkungen, wie etwa Thrombosen, führen kann.*

*Die meisten HET-Östrogene sind jedoch natürlichen Ursprungs und haben daher nur einen geringen Einfluss auf den Stoffwechsel. Dank der vielfältigen Darreichungsformen der HET-Präparate kann heute praktisch jede Frau eine individuelle HET erhalten, die ihren Bedürfnissen genau entspricht.*

# DIE VORTEILE DER HET

Im Zeitalter der Präventivmedizin sollte die HET eigentlich als eines der wirksamsten Verfahren zur Verhinderung chronischer Krankheiten gefeiert werden. Unser ganzes Bestreben in der Medizin sollte auf Prävention gerichtet sein; jede Methode, die teure Behandlungen, Krankenhausaufenthalte und gravierende Krankheiten reduzieren kann, sollte von der Medizin mit Enthusiasmus aufgenommen werden.

**Schutz vor Herzinfarkt und Schlaganfall** Eine akute Erkrankung der Herzkranzgefäße ist die Haupttodesursache bei Frauen älter als 50 Jahre. Insgesamt stirbt eine von vier Frauen an Koronarerkrankungen. Der Östrogenbestandteil der HET kann das akute Koronarrisiko um bis zu 50 Prozent senken.

**Erhalt gesunder Organe, Knochen und Muskeln** Die HET schützt nachweislich die Gesundheit der weiblichen Fortpflanzungsorgane. Zudem hält sie das Gewebe der Vagina spannkräftig und feucht, verhindert das Dünnerwerden und Austrocknen des Urogenitalgewebes und damit auch die Inkontinenz sowie eine erhöhte Infektionsanfälligkeit. Östrogen trägt zur Gesunderhaltung der Knochen, Muskeln und Gelenke bei und verhindert osteoporosebedingte Rückenschmerzen, unter denen viele Frauen nach der Menopause leiden. Die HET wirkt allgemein belebend und anregend auf das Muskel- und Knochensystem und fördert Kraft, Energie und Ausdauer.

**Verbesserung der Figur** Frauen können ihre gewohnte Figur nach der Menopause aus drei Gründen verlieren: Zum einen lässt die Spannkraft der Muskulatur und des Stützgewebes nach, zum anderen neigen die Fettzellen dazu, sich im Bauchbereich anzusiedeln und nicht zuletzt verursacht die Osteoporose eine Verkrümmung des Rückens. Die HET kann all diese Veränderungen verhindern, was dazu geführt hat, dass manche Frauen die HET als Verjüngungskur missverstehen. Die HET ist aber kein Medikament zur Gewichtskontrolle – Hormone können niemals eine gute Ernährung oder regelmäßiges Training ersetzen.

**Erhöhtes Wohlbefinden** Beta-Endorphine sind chemische Substanzen, die unser zentrales Nervensystem produziert; sie erzeugen Wohlbefinden und euphorische Gefühle. Niedrige Beta-Endophinwerte gelten als ein ursächlicher Faktor für Depressionen. Man geht davon aus, dass eine HET die Beta-

Endorphinwerte steigert. Sicher ist, dass die HET auch emotional-mental belebend wirkt: Sie kann die Stimmung heben, das Selbstwertgefühl stärken und Ängste lindern. Wir fühlen uns leistungsfähiger und lebendiger. Trotz ihrer aufhellenden Wirkung ist die HET aber kein Antidepressivum.

**Linderung von Wechseljahrsbeschwerden** Frauen, die an Hitzewallungen und nächtlichen Schweißausbrüchen leiden, erfahren eine Linderung bei HET-Einnahme, unabhängig von der Darreichungsform (siehe S. 50). Bei über 90 Prozent der Frauen verschwinden die Beschwerden völlig, und 98 Prozent berichten über eine nachhaltige Besserung. Starke Menstruationsblutungen sind häufig ein Problem der Frauen im Alter von Ende 40 und Anfang 50. Auch hier kann eine HET helfen, obwohl sich bei schwerer Menorrhagie eher eine niedrig dosierte Pille empfiehlt. Trockenheit und Reizungen der Vagina und dadurch bedingte Schmerzen beim Sex werden ebenfalls durch die Einnahme von Östrogen gelindert. Das gilt gleichfalls für Kopfschmerzen, die während der Menopause auftreten – auch hier bringt eine Östrogengabe Besserung.

Östrogen wird auch Ihre Haut positiv beeinflussen, sie wird weicher und besser durchblutet. Ihr Haar wird kräftiger und weniger anfällig für Trockenheit und Brüchigkeit. Ähnlich werden Ihre Nägel weniger brüchig, sondern kräftiger. Auch wird ein schrumpfender Gaumen durch eine HET in den Wechseljahren gemildert.

Geistige Probleme, wie beispielsweise Konzentrationsstörungen und Unentschlossenheit, verschwinden etwa einen Monat nach Beginn der HET. Auch Panikattacken sprechen gut auf eine HET an – am besten in Kombination mit einer begleitenden Psychotherapie.

Die Reaktion der Libido auf die HET ist bei jeder Frau verschieden. Vielleicht bemerken Sie, dass Sie mehr Freude am Sex haben, aber nicht unbedingt ein gesteigertes sexuelles Verlangen. Niedrig dosierte Testosteronpräparate helfen, die Libido zu erhöhen, ohne die üblichen Nebenwirkungen wie Bartwuchs und eine tiefere Stimme.

Studien aus Schlaflabors haben gezeigt, dass Östrogen die Anteile der REM- oder Traumschlafzeit an der Gesamtschlafzeit verändern. Manche Frauen träumen bei Einnahme von Östrogen wieder mehr – und weniger, wenn der Östrogenspiegel sinkt. Mit der Verlängerung der REM-Schlafzeit verbessert sich auch unser Wohlbefinden und unsere friedliche Stimmung, wir fühlen uns ausgeruht und ausgeglichen.

## PROGESTERON-INFORMATION

***Die synthetischen Formen dieses natürlich vorkommenden Hormons sind Progestin und Progeston.***

*Ursprünglich war die HET eine reine Östrogenersatztherapie. Progestogen wurde erst hinzugefügt, nachdem man entdeckt hatte, dass es das Risiko, an Gebärmutterkrebs zu erkranken, senkt. Seitdem ist die HET die Norm für Frauen mit Gebärmutter.*

*Die Progestogeneinnahme birgt den Nachteil der monatlichen Abbruchblutung. Zudem spüren zehn bis fünfzehn Prozent der Frauen leichte Nebenwirkungen, die den prämenstruellen Beschwerden gleichen.*

*Glücklicherweise verschwinden diese Beschwerden bei der Hälfte der Frauen innerhalb von vier Monaten nach Behandlungsbeginn. Die Menge des eingenommenen Progestogens lässt sich durch die Verlängerung der HET-Zyklen auf drei Monate deutlich verringern (siehe zyklische Therapie, S. 57).*

### NEBEN-WIRKUNGEN?

***Nur ein Sechstel aller Frauen, die eine HET anfangen, setzen sie über ein Jahr fort. Frauen, die die Therapie abbrechen, fürchten sich vor Nebenwirkungen, haben irgendwelche Panikberichte gelesen oder einfach die Therapie missverstanden.***

*Wir sollten uns daran erinnern, dass die Nebenwirkungen wie Kopfschmerzen, Verdauungsstörungen oder Empfindlichkeit der Brüste auch unabhängig von der Hormoneinnahme auftreten können.*

*In einigen Untersuchungen wurde aufgezeigt, dass Frauen, die HET-Präparate einnahmen und Frauen, die nur wirkstofflose Placebos bekamen, über die gleichen Beschwerden klagten. Der Informationsstand ist hier ausschlaggebend: Besser informierte Frauen können auch besser mit Nebenwirkungen umgehen.*

# SIE UND IHR ARZT

Das beste Arzt-Patientin-Verhältnis ist jenes, das durch volle Aufmerksamkeit und zufriedenstellende Antworten gekennzeichnet ist. Es sollte Ihnen erlauben, Ihren Arzt mit einer ganzen Liste an Fragen aufzusuchen, auf die Sie auch Antworten erhalten.

Leider ist eine solche Arzt-Patientin-Beziehung nicht immer gegeben. Wie oft hören Frauen von Ärzten, dass die Wechseljahrsbeschwerden Hirngespinste seien, die keinerlei Hilfe oder Behandlung bedürfen. Sollte Ihr Arzt auch zu dieser Gruppe gehören, suchen Sie sich so schnell wie möglich einen neuen, einfühlsamen Arzt. Bleiben Sie nicht bei einem Arzt, wenn kein vertrauensvolles Gespräch aufkommen kann. Manche Beschwerden erfordern Gespräche über sehr intime Details; haben Sie Hemmungen, mit Ihrem Arzt darüber zu sprechen, dann ist er wahrscheinlich nicht der richtige für Sie. Denken Sie daran: Ärzte und Ärztinnen sind dazu da, uns zu helfen und uns eine Dienstleistung anzubieten. Hören Sie sich um, probieren Sie die Ärzte aus, bis Sie denjenigen oder diejenige gefunden haben, die aufgrund Ihrer persönlichen Bedürfnisse und gynäkologischen Geschichte eine individuelle, maßgeschneiderte Behandlung vorschlägt. Ihr Arzt sollte sich mit den möglichen Nebenwirkungen einer HET auskennen, auf Ihre Reaktion zur HET hören und Veränderungen in Dosis und Darreichungsform veranlassen – so lange, bis Sie glücklich mit Ihrer HET sein können. Ein Arzt, der mit diesen Dingen nicht sehr vertraut ist, wird Ihnen nicht so sehr zur Seite stehen können wie Gynäkologen oder Spezialisten von Frauenkliniken.

## UMGANG MIT DER THERAPIE

Nicht alle Frauen, die eine HET brauchen, erhalten eine –, und viele Frauen, denen eine HET verschrieben wurde, nehmen die Medikamente nicht lange genug ein, um gefährliche Langzeitfolgen der Menopause wie Osteoporose und Herz-Kreislauf-Erkrankungen wirksam zu verhindern. Meiner Meinung nach sollten mehr Frauen eine HET in Betracht ziehen, und mehr Ärzte sollten bereit sein, eine HET für eine Probezeit von vier Monaten zu verschreiben. Innerhalb dieser vier Monate kann Ihr Arzt die richtige Darreichungsform und Dosierung finden und Ihren Bedürfnissen anpassen. Es lohnt sich, sich auf die Suche nach der maßgeschneiderten Therapie zu begeben (siehe S. 55–56), da sie unsere körperliche und seelische Gesundheit so immens auf positive Weise beeinflussen kann.

# EINE MONATLICHE BLUTUNG?

Die erste wichtige Frage bei der Diskussion um eine Hormonersatztherapie lautet: Mit oder ohne monatliche Abbruchsblutung? Der Konsens der meisten Mediziner besagt, dass Frauen mit einer intakten Gebärmutter regelmäßige Monatsblutungen haben sollten. Zwei neue Ansätze – eine kombinierte, kontinuierliche Therapie (siehe S. 57) und ein Progesteronpräparat mit dem Namen Liviella® (Wirkstoff Tibolon) – verhindern solche Blutungen vollständig. Andere Menopausen-Experten forschten bezüglich einer dreimonatigen Abbruchsblutung statt monatlicher Blutungen (siehe rechte Randspalte). Früher – ich selbst war vor 25 Jahren an diesen Forschungsarbeiten beteiligt –, dachten die Mediziner noch, dass der HET-Zyklus dem normalen Menstruationszyklus möglichst genau entsprechen sollte. Deshalb erhielten die Frauen in der zweiten Hälfte des HET-Zyklus für 11 bis 13 Tage Progestogen. Heutzutage glaubt man hingegen, dass es für eine Vielzahl von Frauen nicht notwendig ist, monatlich zu bluten. Ihr Arzt wird mit Ihnen einen Progestogentest durchführen, um sicher zu sein, dass für Sie eine Blutung alle drei Monate ausreichend ist.

Bei einer anderen HET-Form wird Progesteron je nach Bedarf eingenommen. Eine Studie in den Niederlanden belegt, dass die Empfindlichkeit der Gebärmutterschleimhaut bezüglich der Hormone Östrogen und Progesteron bei jeder Frau individuell verschieden ist. Die Ergebnisse wissenschaftlicher Forschungen ermöglichen es uns heute, das östrogeninduzierte Wachstum der Gebärmutterschleimhaut mittels einer Vaginalsonographie, bei der ein Ultraschallbild hergestellt wird, genau zu beobachten. Diese Methode macht einerseits die Dicke der Schleimhaut sichtbar und andererseits aber auch das Abstoßen des Endometriums, also der Gebärmutterschleimhaut, nach der Zugabe von Progestogen zur HET. Die Vaginalsonographie ermöglicht es den Ärzten, die Art und die Dosis an Östrogen zu bestimmen, die das geringst nötige Wachstum der Gebärmutterschleimhaut bewirkt wie ferner die adäquate Dosis an Progestogen zu finden, die die blutärmste Reinigung des Uterus bewirken kann.

Eine weitere interessante Entdeckung ist die Tatsache, dass das Endometrium sich ohne Blutung abstoßen kann bei bestimmten Progestonarten. Die Vaginalsonographie ist in den meisten ärztlichen Praxen vorzufinden.

## FORSCHUNG

***Forscher des Medical Care Program in Oakland, Kalifornien, stellten die These auf, dass die Beigabe von Progeston alle drei Monate anstelle von monatlich verabreichten Gaben ausreichend sei.***

*Um die Akzeptanz dieser Methode zu bewerten, wurden 200 Frauen, die bislang Progeston im monatlichen Zyklus erhalten hatten, gebeten, ein Zyklustagebuch zu führen. Am Ende der Testperiode sollten sie einen Fragebogen ausfüllen,der ihre Präferenz für die eine oder andere HET-Methode belegen soll. Bei den drei Monats-Zyklen dauerten die Blutungen durchschnittlich zwei Tage länger und waren auch stärker. Zu Beginn und nach Abschluss der Testzeit wurden eingehende gynäkologische Untersuchungen durchgeführt, einschließlich jeweils einer Biopsie der Gebämutterschleimhaut.*

*Die Resultate der Fragebögen zeigten eine eindeutige Präferenz für die Progestongabe im Drei-Monats-Rhythmus, obwohl die Blutungen länger und stärker waren. Zusätzlich war eine über das gesamte Testjahr hinweg beobachtbare Reduktion des Blutdrucks zu verzeichnen, und die Biopsien der Gebärmutterschleimhaut wiesen keine Anomalien auf. Dies alles deutet darauf hin, dass der Drei-Monats-Zyklus so sicher wie der monatliche ist.*

*Diese Methode der HET ist in den meisten Teilen der Welt verfügbar, so dass auch Sie sie sicher mit Ihrem Arzt besprechen können.*

## VERÄNDERUNG DER HORMONDOSIS

***Nebenwirkungen können eventuell dann auftreten, wenn Sie mehr Hormone einnehmen, als Ihr Körper braucht. Wenn der weibliche Körper älter wird, reagiert er immer sensibler auf Hormone, zudem ist eine viel geringere Dosis der Hormonsubstitution für eine HET nötig als zur Empfängnisverhütung.***

*Das Ziel der HET ist es, mit so wenig Hormongabe auszukommen wie möglich. Wenn Sie zum Beispiel konjugierte equine Östrogene zu sich nehmen, so ist es möglich, die Dosis von 1,25 Mikrogramm Östrogen auf nur 0,625 zu reduzieren. Ähnlich kann das Progeston von 500 Mikrogramm auf 300 reduziert werden. Achten Sie allerdings darauf, dass die Veränderungen der Dosis nacheinander und nicht gleichzeitig stattfinden.*

# KONTROLLE DER NEBENWIRKUNGEN EINER HET

Wenn Sie während der HET-Einnahme Nebenwirkungen verspüren (siehe S. 52–54), können Sie dies in Absprache mit dem Arzt unter Kontrolle bringen. Mit viel Zeit und Geduld können Sie gemeinsam die Methode ändern oder die Art der Hormone, die Dosis, den Einnahmeweg oder die Darreichungsform.

Östrogene werden in synthetische Typen unterteilt, wie Mestranol und Ethinylestradiol, und natürliche, wie konjugierte equine Östrogene und Östradiol-Varianten. Synthetische Östrogene in höherer Dosierung, als die in einer HET üblich, können das Risiko einer Thromboseembolie, eines potentiell tödlichen Blutpfropfens, erhöhen. Normalerweise werden natürliche Östrogene im Rahmen einer HET verschrieben. Bei Nebenwirkungen sollten Sie herausfinden, welche der beiden Arten Sie nehmen und Ihrem Arzt vorschlagen, dass Sie von einem synthetischen auf ein natürliches Präparat umsteigen. Wenn Sie schon ein natürliches Östrogen nehmen, sollten Sie vielleicht auf einen anderen Hersteller, eine andere Marke umsteigen.

Die meisten Progestogene, die in der HET eingesetzt werden, zeigen ganz unterschiedliche Wirkungen. Spüren Sie Nebenwirkungen, sollten Sie die Dosis mindern oder eine andere Art Progeston probieren. Ein Arznei mit dem Namen Liviella® (siehe S. 49) besitzt wenig Progestogen bezogene Nebenwirkungen.

## DIE HET-EINNAHME

Die meisten Ärzte beginnen eine HET mit Tabletten. Diese Methode ist jedoch nicht für alle Frauen geeignet. Hohe Östrogendosen in Tablettenform können beispielsweise Übelkeit verursachen. Trifft dies zu, sollten Sie die Tabletten nicht tagsüber, sondern abends einnehmen, um die Übelkeit zu „verschlafen".

Wie bei allen Medikamenten, die oral eingenommen und weitgehend über den Magen-Darm-Trakt resorbiert werden, müssen auch bei HET-Präparaten höhere Dosen eingenommen werden, da ein Teil der Hormone von der Leber über den Blutkreislauf ausgeschieden wird. Die Tablette enthält also eine höhere Hormondosis als eigentlich notwendig, um die Wechseljahressymptome zu lindern; dies erklärt vielleicht Ihre möglichen Nebenwirkungen.

Sollten Sie trotz einer Verringerung der oral eingenommenen Arzneimenge immer noch Probleme haben, versuchen Sie eine HET in Pflasterform (siehe S. 56). Das Pflaster enthält eine sehr viel geringere Quantität an Hormonen als die Tablette. Eine andere Möglichkeit: Fragen Sie Ihren Arzt nach einem Implantat, welches die Hormone langsam und regelmäßig über einen Zeitraum von vier bis sechs Monaten abgibt.

Wenn Sie vor allem unter urogenitalen Beschwerden leiden, wie Trockenheit der Vagina, Schmerzen beim Sex oder ständigem Harndrang, so werden Sie vielleicht mit Pessaren oder Cremes gut zurecht kommen. Da diese Form der HET nur lokal angewendet wird, ist nicht der gesamte Körper den Hormonen ausgesetzt. Diese gering dosierte HET bietet logischerweise Knochen und Herz jedoch keinen Schutz.

Manche Frauen, die auf eine orale Progestogengabe mit Stimmungsschwankungen reagieren, vertragen HET-Zäpfchen ohne Probleme. Das liegt wahrscheinlich daran, dass die meisten dieser Zäpfchen natürliches Progesteron enthalten. Viele Frauen tolerieren natürliches Hormon besser als synthetisches Progestogen. Allerdings sind dann zumeist höhere Dosen erforderlich, um den HET-Zyklus aufrecht zu erhalten (der Grund, weshalb Progesterone seltener verschrieben werden). Eine Kombination von Östrogenpflaster und einem Progesteronzäpfchen ist in diesem Fall vielleicht das Beste.

## WECHSEL DER HET-ART

Die meisten Frauen werden einen Monat lang kontinuierlich Östrogen und davon 10 bis 14 Tage lang zusätzlich Progestogen einnehmen. Es gibt jedoch verschiedene Varianten, wie eine HET durchgeführt werden kann, eine davon wird auch für Sie passend sein. Wenn Sie Östrogentabletten nehmen, können Sie beginnen, Abstände zwischen der Einnahme zu lassen. Unter Aufsicht Ihres Arztes setzen Sie beispielsweise jeden dritten oder vierten Tag mit der Tabletteneinnahme aus, oder Sie nehmen die Tabletten nur jeden zweiten Tag ein und überprüfen, wie Sie sich dabei fühlen. Hautpflaster können vier Tage statt drei Tage kleben, oder man kann sie auch einen ganzen Tag weglassen – übrigens eine ratsame Praktik bei Anzeichen von Brustschmerzen oder einer Gewichtszunahme.

Sie könnten Ihren Arzt auch bitten, die neueste Methode auszuprobieren, nämlich die kombinierte kontinuierliche HET, bei der Sie innerhalb weniger Monate aufhören zu bluten (siehe S. 57). Wenn Sie Nebenwirkungen des Progestogens verspüren und Sie eine HET durchführen, bei der Östrogen und Progestogen kombiniert sind, bitten Sie Ihren Arzt, andere Produkte zu verschreiben, in denen die Hormone separat verabreicht werden. Sie könnten zum Beispiel ein Östrogen-Hautpflaster neh-

## INDIVIDUELLE BEHANDLUNG

***Der Erfolg einer HET liegt in der maßgeschneiderten, individuellen Behandlungsmethode für jede einzelne Frau.***

*Sie und Ihr Arzt müssen zusammen arbeiten, um die Hormonkombination zu finden, die am besten für Sie ist. Eine Studie mit über 100 Frauen hat ergeben, dass nur 17 Prozent der Frauen bei ihrer ersten HET-Form über mehrere Jahre geblieben waren; alle anderen hatten ein oder zwei Veränderungen der HET. Wenn irgend etwas nicht stimmt, diskutieren Sie mit Ihrem Arzt über die Dosis oder die Methode, die zu Ihnen passt. Wenn Sie prämenstruelle Beschwerden verspüren oder starke Blutungen haben, kann eine Veränderung des Progestogens hilfreich sein.*

men und Progestogen als Tabletten. Auf diese Art und Weise kann Ihr Arzt die Dosis an Progestogen austarieren, so dass Sie zwar eine Abbruchsblutung erleben, jedoch ohne belastende Nebenwirkungen.

## DIE RICHTIGE DOSIS

Viele Menschen glauben, wenn ihnen ein Medikament gut tut, so wird noch mehr davon ihnen noch besser tun. Dies ist keine Maxime, die Ärzte befolgen. Im Allgemeinen empfehlen sie, die notwendigerweise kleinste Dosis an Medikamenten einzunehmen, um die größtmögliche Wirkung mit den geringsten Nebenwirkungen zu erzielen. Als Daumenregel gilt, dass Medikamente nur so kurz wie möglich eingenommen werden. Die HET ist der seltenen Ausnahmen davon. Wahrscheinlich werden Sie und Ihr Arzt eine Weile brauchen, um die für Sie angemessene HET-Darreichungsform und -Dosis herauszufinden, denn jede Frau reagiert indiviuell verschieden auf die Vielzahl der erhältlichen Hormone. Wenn Sie eine Hormonersatzbehandlung beginnen, ist es ratsam, eine Testperiode von vier Monaten anzusetzen, denn so lange braucht der Körper, um sich darauf einzustellen. Wenn nötig, kann zwischenzeitlich der Östrogenspiegel im Blut bestimmt werden, um die Dosis eventuell neu einzustellen. Auch in sehr geringen Gaben sind Hormone äußerst wirksame Substanzen. Ändern Sie daher niemals eigenmächtig Ihre Dosis!

## BEGLEITENDE KONTROLLEN

Mit dem Herannahen der Menopause sollten Sie mindestens einmal jährlich eine Blutdruckkontrolle, einen PAP-Abstrich und eine Mammographie machen lassen. Ihr Arzt sollte außerdem Ihr Gewicht überprüfen, eine gynäkologische Untersuchung einschließlich der Brüste vornehmen, bevor Sie eine Hormontherapie starten. Wenn Sie sich einer HET unterziehen, sollten Sie diese Untersuchungen jährlich durchführen, Gewicht und Blutdruck sollten alle sechs Monate untersucht werden. Auch eine Knochendichtemessung zur Abklärung der Knochengesundheit kann sinnvoll sein.

## NEBENWIRKUNGEN UND RISIKEN

Frauen, denen Ihr Arzt unzureichende Information zur HET gegeben hat, neigen eher dazu, die HET abzubrechen. Frauen, die mit ihren Ärzten ausführlich über die HET, ihre Chancen und Risiken sprechen konnten, zeigen realistischere Erwartungen an die HET und tolerieren geringe Nebenwirkungen.

### KÖRPEREIGENE ÖSTROGENE MAXIMIEREN

***Um die niedrigen Östrogenwerte in Ihrem Blut zu kompensieren, können Sie Ihre eigene Östrogenproduktion auf zwei Wegen steigern.***

*Der erste Weg ist körperliches Training, was fast so gut wie eine HET in den postmenopausalen Jahren wirkt, da der Körper nun weniger Östrogen zum Wohlbefinden braucht.*

*Die zweite Quelle findet sich in den Fettzellen, die von Haus aus eine geringe Menge Östrogen produzieren. Deshalb ist es für peri- und postmenopausale Frauen geradezu gefährlich, übermäßig Diät einzuhalten und untergewichtig zu werden. Dünne Frauen erleben die Menopause deshalb früher als jene, die übergewichtig sind. Ein Fehlen der Fettzellen lässt die Hormonproduktion rasch absinken.*

*Wenn Sie keine HET wünschen, Ihr Körper aber erste Anzeichen eines Östrogenmangels zeigt, sorgen Sie dafür, dass Sie einige Pfunde über dem Idealgewicht liegen. Nehmen Sie nie so stark ab, dass Ihr Körperfettanteil minimiert wird, da Sie dadurch Ihre wichtigste körpereigene Östrogenquelle ruinieren.*

Die Hauptgründe, warum Frauen eine HET abbrechen, liegen in den Nebenwirkungen des Progestogens, der Belastung des monatlichen Blutens und der Angst vor Brustkrebs. Was das Letztere betrifft, so ist die Medizin heute übereinstimmend der Ansicht, dass eine Langzeit-HET mit Progestogen kein zusätzliches Brustkrebsrisiko darstellt. Tatsächlich kann der Zusatz von Progestogen einem solchen Risiko sogar vorbeugen.

Für etwa 10 bis 15 Prozent aller betroffenen Frauen ist das Progestogen belastend. Zu den Nebenwirkungen, die individuell verschieden sein können, zählen: Gewichtszunahme, Wassereinlagerungen im Gewebe, Bauchkrämpfe, Rückenschmerzen, Akne, fettige Haut, Reizbarkeit, Aggressivität, Stimmungsschwanken, Neigung zu Tränenausbrüchen und Verlust der Libido. In diesen Fällen kann Ihr Arzt eine alternative Form des Progestogens oder eine geringere Dosis dieses Hormons, als Sie zum betreffenden Zeitpunkt einnehmen, verschreiben, um die Symptome zu lindern.

**Bluthochdruck** Da die Hypertonie ein erhöhtes Herzinfarkt- und Schlaganfallrisiko in sich birgt, sollte ein erhöhter Blutdruck bei Frauen nach der Menopause stets ernst genommen werden. Östrogen wird Ihren Blutdruck nicht senken, es sei denn, Sie wären besonders empfindsam dafür, was selten der Fall ist. Das heißt, auch wenn Sie einen erhöhten Blutdruck haben, können Sie eine HET beginnen, sollten aber Ihren Blutdruck sofort nach Beginn der HET kontrollieren lassen. Falls er hoch ist, wechseln Sie von Tabletten zu Hautpflastern, da Tabletten die Leber zur Produktion blutdruckerhöhender Substanzen anregen können.

**Brustschmerzen** Die HET bewirkt manchmal Brustschmerzen, die den typischen prämenstruellen Beschwerden ähneln. In der ersten Zyklushälfte regt das HET-Östrogen das Wachstum der Milchdrüsen und Milchgänge an. In der zweiten Zyklushälfte sorgt das Progestogen möglicherweise für Wassereinlagerung in der Brust.

Diese Beschwerden lassen sich oft schon durch eine Einschränkung des Salz-, Kaffee- und Schokoladenkonsums verringern. Dies wird auch Ihrer allgemeinen Gesundheit gut tun. Die Einnahme von 100 mg Vitamin B 6 täglich für fünf Tage kann die Brustschmerzen mindern, auch das Reduzieren der Progestogendosis kann hilfreich sein. Anhaltende Brustschmerzen, die den gesamten Zyklus über unverändert bleiben, sind dagegen meist eine Folge zu hoher Östrogengaben.

## BLUTUNGEN AUSSER DER REIHE

*Gelegentlich kommt es während einer HET zu ungewöhnlichen Blutungen. In einem solchen Fall wird Ihr Arzt eine Kürettage vornehmen, um die Gebärmutterschleimhaut auf mögliche Erkrankungen und Anomalien hin zu untersuchen. Ihnen mag die Ausschabung unangenehm sein, aber sie ist die beste Methode dies auszuschließen.*

## WEITEN DER ZERVIX UND DIE KÜRETTAGE

***Diese Methoden, auch Ausschabung genannt, werden angewendet, um die Beschaffenheit der Gebärmutterhöhle zu bestimmen. Es kann Aufschluss über unregelmäßige Blutungen oder Blutungen nach der Menopause geben.***

*Die Ausschabung wird unter Narkose in der Arztpraxis oder im Krankenhaus durchgeführt. Hierzu wird ein Spekulum in die Scheide eingeführt und der Gebärmutterhals mittels verschiedener dicker Metallstifte geweitet. Nun wird die Kürette (ein löffelartiges Instrument) oder ein Katheter (ein Plastikschlauch) in den Uterus eingeführt.*

*Die Gebärmutterschleimhaut wird entfernt, entweder durch eine Auf- und Abbewegung der Kürette oder durch das Absaugen mittels Katheter. Eine Probe des ausgeschabten Gewebes wird dann mikroskopisch untersucht, um die Ursache der Blutung festzustellen.*

**Myome** Gutartige Knoten, so genannte Myome an den Innenwänden der Gebärmutter, können während einer HET gehäuft auftreten. Bei starken Wechseljahrsbeschwerden sollten Myome dennoch kein Grund sein, auf eine HET zu verzichten. Frauen jeden Alters sollten Myome beobachten und gegebenenfalls entfernen lassen.

**Diabetes** Bei Diabetikerinnen empfiehlt sich stets eine enge Zusammenarbeit mit Ihrem betreuenden Arzt, bevor Sie eine HET beginnen. Dies ist notwendig, weil der Kohlenhydratstoffwechsel von einer HET verändert wird. Wenn Sie eine Hormonsubstitution durchführen, sollten Sie Ihren Blutzuckerspiegel und Ihren Urin regelmäßig überprüfen lassen.

**Gallensteine** In der Altersspanne von 55 bis 75 Jahren sterben pro Jahr etwa drei von 100 000 Frauen an Gallenerkrankungen. Dieses Risiko verdoppelt sich für HET-Anwenderinnen, da Östrogen die Konzentration der Gallenflüssigkeit in der Gallenblase erhöht. Übergewicht ist ebenfalls ein Faktor im Zusammenhang mit Gallenerkrankungen, deshalb ist es wichtig, den Cholesteringehalt Ihrer Nahrung zu reduzieren und HET in einer Form anzuwenden, die nicht über den Leberstoffwechsel abgebaut wird. Das Hautpflaster wird hier vorteilhafter sein, um das Risiko an Gallensteinen zu reduzieren.

**Migräne** Die Reaktion von Migränepatientinnen auf eine HET lässt sich nicht vorhersagen. Bei manchen Frauen verschwindet die Migräne restlos, andere bekommen sehr starke Attacken. Meistens treten die Migränebeschwerden in und direkt nach der Progestogenphase auf. Diese Attacken können durch eine andere Darreichungsform oder Dosis gelindert werden. Migräneanfälle, die zu anderen Zeiten des Zyklus auftreten, können einer zu niedrigen Östrogendosis zugeschrieben werden.

**Krebs** Mögliche Zusammenhänge zwischen HET und Gebärmutter- und Brustkrebs sind die Hauptsorgen aller Frauen. Glücklicherweise wissen wir heute, dass der Zusatz von Progestogen das Risiko kompensiert, ja sogar vor Gebärmutterkrebs schützen kann. Die Debatte um Brustkrebs und HET ist kompliziert, da sich die Wissenschaft hier unseins ist. Die Beweise mehren sich aber, dass die HET bei allen Brusterkrankungen keine ursächliche Rolle spielt. Wenn Sie nicht übergewichtig sind, nicht rauchen und Brustkrebs nicht in Ihrer Familie liegt, dann dürften die vorliegenden Erkenntnisse für eine HET sprechen.

# DARREICHUNGSFORMEN DER HET

Eine kombinierte HET ist der übliche Weg für Frauen mit einem gesunden Uterus. Das bedeutet, Sie nehmen sowohl Östrogen als auch Progestogen. Ärzte verschreiben dies häufig in Tablettenform, täglich Östrogen und Progeston für etwa 12 Tage im Monat beziehungsweise eines Zyklus', wobei das Progeston die Abbruchsblutung auslöst. Ihr Arzt wird Ihnen vielleicht aber auch zu einem Pflaster raten, einem Implantat oder einer Creme. Diese verschiedenen Formen oder Wege der Verabreichung haben ihre je eigenen Vor- und Nachteile (siehe Tabelle S. 56). Alle Formen sind wirksam zur Linderung menopausaler Beschwerden einsetzbar, mit Ausnahme der Östrogencreme und Pessare (Zäpfchen), die lediglich lokale urogenitale Symptome behandeln, wie Trockenheit, Wundsein und Juckreiz. Beide Mittel werden keine Hitzewallungen oder nächtliches Schwitzen regulieren und sie verhindern auch nicht die Gefahr von Knochenbrüchigkeit.

Das Hautpflaster enthält ein Reservoir an Östrogen, das sich über die Haut in den Körper verteilt. Das bedeutet, dass der Körper das Hormon nicht über die Leber resorbieren muss wie bei Tabletten, wodurch diese Methode von Vorteil für Frauen mit Gallenproblemen ist (siehe S. 54). Es kann sein, dass man Ihnen zusammen mit dem Pflaster noch Progestogen in Tablettenform verschreibt, oder Sie erhalten ein Pflaster mit einer Östrogen-Progestogen-Kombination. Die Hautpflaster werden alle drei bis vier Tage gewechselt.

Östrogenimplantate verhindern gleichfalls die Resorption über die Leber. Wenn der Arzt die Östrogenkügelchen in die Fettschicht an Oberschenkel, Bauchdecke oder Po eingesetzt hat, wirken sie bis zu sechs Monaten. Häufig wird die Behandlung mit Progestogen als Tablettengabe ergänzt.

Zu neuen Produktentwicklungen zählen beispielsweise ein Gel oder Vaginalsalben, die ein synthetisches Östradiol enthalten, welches über die Haut aufgenommen wird. Andere Produkte sind östrogenhaltige Vaginalringe oder eine intra-uterine Spirale, die Progestogen oder Progesteron direkt in die Gebärmutter abgibt.

**Pessare und Cremes**
Diese Formen der HET liefern Östrogen direkt in die Scheide. Die geringe Dosis schützt aber nicht vor Osteoporose und Herzerkrankungen.

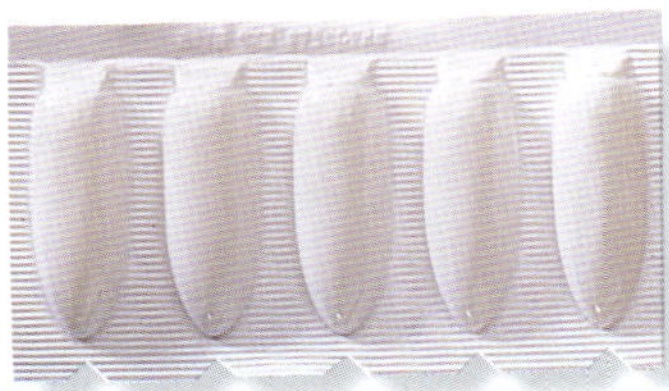

ZÄPFCHEN

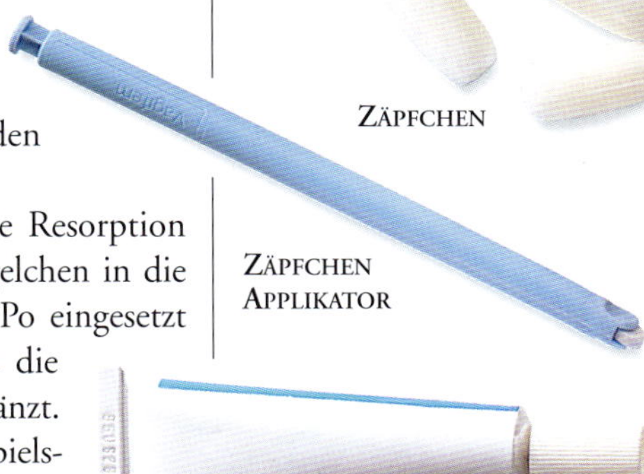

ZÄPFCHEN APPLIKATOR

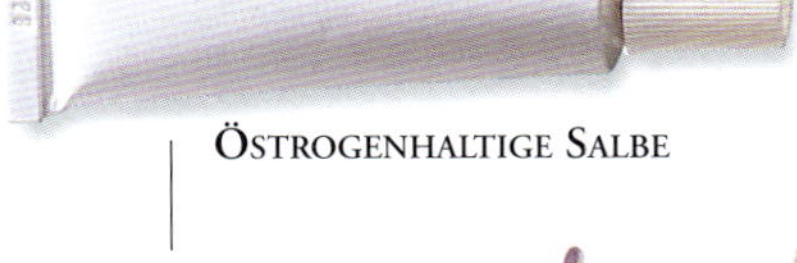

ÖSTROGENHALTIGE SALBE

VAGINALCREME-APPLIKATOR

HAUTPFLASTER

MONATSPACKUNG AN ÖSTROGENTABLETTEN

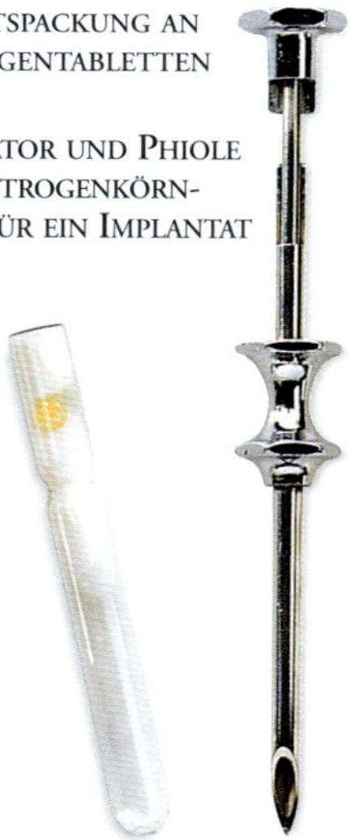

APPLIKATOR UND PHIOLE MIT ÖSTROGENKÖRNCHEN FÜR EIN IMPLANTAT

**Pflaster, Tablette, Implantat** Diese HET-Formen liefern das Östrogen direkt in den Körper. Sie schützen vor Osteoporose und Herzerkrankungen und lindern effektiv die meisten Wechseljahrsbeschwerden.

## DARREICHUNGSFORMEN DER HET

| ART | VORTEILE | NACHTEILE |
|---|---|---|
| Tabletten | • Hoch effektiv, lindern körperliche und seelische Symptome.<br>• Enthalten Östrogen und/oder Progestogen. Schützen gegen Osteoporose. | • Nebenwirkungen können Brustschmerzen und Übelkeit sein.<br>• Abbruchsblutungen können durch das Vergessen einer Tablette ausgelöst werden. |
| Cremes und Pessare | • Lindern Inkontinenz.<br>• Lassen Trockenheit und Juckreiz verschwinden. | • Schützen nicht vor Osteoporose.<br>• Bekämpfen weder Hitzewallungen noch Nachtschweiß. |
| Hautpflaster und Gel | • Ähnlich wirksam wie Tabletten gegen die meisten menopausalen Symptome, erhält die Knochendichte bei 85 bis 95 Prozent aller Frauen.<br>• Leicht zu verändern und einfach abzusetzen. | • Selten entwickeln Frauen eine gerötete Haut an der Pflasterstelle. Dies kann sich in heißem Klima verschlimmern. |
| Implantate | • Hervorragende Linderung der körperlichen Beschwerden. Schutz gegen Osteoporose. Viele Frauen gaben an, dass diese Form der HET besser als andere vor Depression und Reizbarkeit schützt.<br>• Man kann die Therapie, die Behandlung, fast „vergessen".<br>• Testosteron kann auch als Implantat verabreicht werden. | • Implantate werden in das Unterhautfettgewebe eingesetzt.<br>• Eine falsche Dosierung kann nicht problemlos geändert werden.<br>• Wenn Sie sich entscheiden, die HET abzusetzen, ist es schwierig, die Implantate zu entfernen. |

# DIE HET-MEDIKAMENTATION

Die drei wichtigsten verschiedenen Verfahren, eine HET einzunehmen, sind nachfolgend beschrieben. Der Hauptunterschied liegt im Zyklusmuster beziehungsweise in den Blutungen.

**Kontinuierliche Einnahme** Die kontinuierliche Östrogeneinnahme mit zusätzlich verabreichtem Progestogen hat sich zum üblichsten Einnahmeschema entwickelt. Sie können täglich eine Östrogentablette einnehmen oder zwei Pflaster in der Woche verwenden. Progeston wird entweder in Tablettenform oder als Matrixpflaster für 12 bis 14 Tage hinzugefügt. Bei diesem Schema und bei intaktem Uterus haben über 90 Prozent aller Frauen eine monatliche Abbruchsblutung. Beobachten Sie Ihr Blutungschema, es sollte nach dem Absetzen von Progestogen beginnen. Setzt die Blutung vorher ein, so kann die Dosis an Progestogen zu niedrig für Sie sein und sollte angepasst werden.

**Zyklische Einnahme** Nicht so verbreitet ist die zyklische Einnahme von Östrogen und Progestogen. Dabei nimmt die Frau 21 Tage lang Östrogen ein, vom 9. oder 10. Zyklustag an auch zusätzlich Progestogen. Beide Hormone werden am 21. Tag abgesetzt. Im einnahmefreien Intervall zwischen dem 22. und 28. Tag des HET-Zyklus kommt es dann zu einer Blutung, zumindest bei über 90 Prozent der Frauen, die keine Hysterektomie hinter sich haben. Wie auch immer, die Blutung wird mit den Jahren immer weniger und kann auch ganz ausbleiben.

Die neueste entwickelte Methode der zyklischen Einnahme schreibt die Gabe von Progestogen alle drei Monate vor. Das bedeutet zwei blutungsfreie Zyklen, eine Blutung alle drei Monate und somit vier Blutungen im Jahr (siehe S. 49). Um herauszufinden, ob dieses Schema für Sie geeignet ist, sprechen Sie mit Ihren Gynäkologen.

**Kombinierte kontinuierliche und blutungsfreie Einnahme** Bei dieser Methode nimmt die Frau kontinuierlich, also täglich, sowohl Östrogen als auch Progestogen ein. Ziel dieses Verfahrens ist es, Blutungen gänzlich zu vermeiden. So kann es anfänglich zu Blutungen kommen, die jedoch innerhalb weniger Monate nachlassen. Diese Therapie ist besonders bei Frauen einer Langzeit-HET beliebt. Zwischen 50 und 70 Prozent der Patientinnen sind mit dieser Anwendung zufrieden.

## PROGESTOGEN SPIRALE

***Frauen, denen eine tägliche orale Einnahme von Progestogen unangenehm ist, können sich eine mit Progestogen angereicherte Spirale (intra uterin) einsetzen lassen.***

*Hierbei wird ständig Progestogen in geringen Mengen abgegeben, um die Verdickung der Gebärmutterschleimhaut zu verhindern. Die Wirkung ist lokal begrenzt und Nebenwirkungen treten kaum auf. Östrogen wird bei dieser Methode kontinuierlich eingenommen. Dies ist der neueste Weg der Progestogeneinnahme.*

## Gegenanzeigen

***Wenn eine der unten aufgeführten Bedingungen auf Sie zutrifft, prüfen Sie an Hand der Tabelle auf Seite 59, ob eine HET für Sie in Frage kommt.***

- *Ungewöhnliche Blutungen.*
- *Brustkrebs.*
- *Eierstockkrebs.*
- *Gebärmutterkrebs.*
- *Kürzlicher Schlaganfall.*
- *Kürzlicher Herzinfarkt.*
- *Erkrankung der Bauchspeicheldrüse.*
- *Erkrankung der Leber.*
- *Kürzliche Venenthrombose.*
- *Kürzliche Lungenembolie.*

# Wenn HET nicht die richtige Antwort ist

Der Begriff Gegenanzeige oder Kontraindikation bezieht sich auf das Krankheitsbild, das durch ein bestimmtes Arzneimittel beziehungsweise eine Substanz verschlechtert werden kann. Im Falle der HET gelten einige Erkrankungen wie etwa Brustkrebs oder Gebärmutterkrebs als „absolute Gegenanzeigen". Einige Ärzte glauben jedoch, dass es solche absoluten Gegenanzeigen nicht gibt, sondern nur „relative". Das heißt, dass für bestimmte medizinische Gegebenheiten individuell ausgerichtete HET-Pläne entworfen werden müssen. Andere Ärzte gehen davon aus, dass bestimmte Gegebenheiten ein Risiko darstellen (siehe Randspalte links). Die Stichworte in dieser Liste stellten früher Gegenanzeigen dar; bei genauerer Überprüfung minimieren sich die Gefahren oder können ganz verschwinden. Das beruht einerseits auf neuen medizinischen Erkenntnissen, andererseits auf der Tatsache, dass die theoretischen Nachteile der HET durch eine sorgfältige Auswahl und Anpassung der Dosis an die individuellen Bedürfnisse der Frau ausgeschlossen werden können.

In früheren Aufstellungen zählten Angina, familienbedingte Herzerkrankungen, Schlaganfälle und Venenthrombose noch zu den Ausschlussfaktoren. Heute sieht man diese Erkrankungen als positive Indikationen für eine HET an, da die HET vor genau diesen Erkrankungen schützen kann.

## Bewertung der Gegenanzeigen

Die ersten Warnungen bezüglich Gegenanzeigen stammen aus den Daten und Erfahrungen über die „Pille". Diese enthält jedoch eine sehr viel höhere Dosis an Hormonen als eine HET und allein deshalb sind diese Daten nicht vergleichbar. Zudem entspringen die langen Listen der Gegenanzeigen vor allem dem Bestreben der Pharmaindustrie, ihr Haftungsrisiko so gering wie möglich zu halten und spiegeln nicht unbedingt die Erkenntnisse der medizinischen Praxis wider.

Wägen Sie die Vor- und Nachteile einer HET genau ab. Obwohl eine HET Ihre Wechseljahrsbeschwerden lindert, wird Ihr Arzt im Falle von Brustkrebs wahrscheinlich zögern, eine HET zu verschreiben. Die Entscheidung muss gut überlegt und ausdiskutiert werden. Wenn Sie mit Hitzewallungen und Nachtschweiß nicht leben können, Ihr Arzt aber wenig mitfühlend ist, gehen Sie zu einem Gynäkologen oder einer Frauenklinik, die sich die Mühe machen, die richtige HET für Sie zu finden.

## HET UND IHRE EIGENE KRANKHEITSGESCHICHTE

| Haben oder hatten Sie eine der folgenden Beschwerden? | Dürfen Sie unter diesen Umständen eine HET beginnen? | Beachten Sie die folgenden Hinweise, die auf den neuesten Erkenntnissen der HET-Forschung basieren. |
|---|---|---|
| Ungewöhnliche Vaginalblutungen | Nein | Alle ungewöhnlichen Blutungen müssen medizinisch genau abgeklärt werden. |
| Brustkrebs<br>Eierstockkrebs<br>Gebärmutterkrebs<br>Schlaganfall<br>Pankreaserkrankung | Möglicherweise nicht. Ausführliche Diskussion mit dem Arzt notwendig. | Die Verschreibung einer HET bei diesen Erkrankungen wird sehr kontrovers beurteilt. Einige Ärzte und Gynäkologen halten die HET bei sorgfältiger Auswahl und Kontrolle der Dosis und der Darreichungsform für sicher. |
| Angina pectoris | Ja | |
| Gallensteine | Ja | |
| Herzinfarkt | Ja | War der Infarkt erst kürzlich, sollten Sie auf eine HET verzichten. Liegt er schon länger zurück, können Sie eine HET beginnen, so lange Sie sich alle drei Monate einer genauen Herz-Kreislaufkontrolle unterziehen. |
| Lebererkrankung | Ja | Liegt die Lebererkrankung länger zurück, können Sie eine HET beginnen. Bei gestörter Leberfunktion sollten Sie jedoch auf eine HET verzichten. |
| Beinvenenthrombose | Nein | Wenn Sie eine Thrombose hatten, sollten Sie auf eine HET verzichten. |
| Lungenembolie | Nein | Wenn Sie eine Lungenembolie hatten, sollten Sie auf eine HET verzichten. |
| Diabetes mellitus | Ja | Lassen Sie Ihre Blutzucker- und Urinwerte oft überprüfen. |
| Kortikoidbehandlung | Ja | Kortikoide (etwa zur Behandlung einer rheumatischen Arthritis) schädigen die Knochen. Eine HET kann diese Nachteile ausgleichen. |
| Eierstockzysten, Myome, Endometriose, Migräne | Ja | HET-Hautpflaster verwenden. |
| Krampfadern | Ja | Bei Entzündungen der Venen sofort zum Arzt. |

# Es ist nie zu spät

Eine Frau ist nie zu alt, um eine HET zu beginnen. Die Wechseljahrsbeschwerden hören nicht notwendigerweise nach der Menopause auf, es kann passieren, dass sie in den 60ern und 70ern nochmals auftreten. Ferner gibt es einige medizinische Gründe, die für eine lebensrettende HET sprechen.

Viele Frauen erfahren Hitzewallungen und Nachtschweiß als so belastend, dass es angezeigt ist, eine HET zu beginnen. Dies kann in den 60ern geschehen oder sogar nachdem man eine HET schon abgesetzt hat. Ich erhalte hunderte von Briefen, in denen Frauen berichten, dass ihre Ärzte sich weigern, eine HET zu verschreiben, mit der Begründung, die Symptome stünden nicht im Zusammenhang mit den Wechseljahren. Das ist eindeutig falsch! Wir wissen, dass die Beschwerden an die Menopause gekoppelt sind und mit einer HET zu lindern sind. Sind Sie schon älter und Ihr Arzt lehnt eine HET ab – wechseln Sie umgehend den Arzt!

Neben der Linderung der Wechseljahrsbeschwerden gibt es viele medizinische Anlässe, eine Hormonbehandlung anzuordnen. Hat man einen Herzinfarkt oder Schlaganfall hinter sich, so ist dies ein guter Grund, eine HET durchzuführen, denn sie senkt das Risiko, einen zweiten Anfall zu erleiden um durchschnittlich 80 Prozent. Sprechen Sie mit Ihrem Arzt darüber. Symptome der Osteoporose, wie beispielsweise starke Knochenschmerzen, Verringerung der Körpergröße, kollabierte oder gebrochene Wirbel, sind handfeste Indikatoren für eine HET, die in solchen Fällen die Knochen innerhalb von nur zwei Jahren wiederherstellen und weitere Probleme ausschließen kann.

Eine HET verhindert Blutpropfen, Embolien und senkt das Cholesterin. Somit ist eine Hormonbehandlung für jede Frau mit Herzerkrankungen von größter Bedeutung – darüber hinaus verändert eine HET nicht den Blutdruck.

Wenn Sie zu den Risiko-Frauen bezüglich Herzinfarkt, Schlaganfall oder Osteoporose zählen, sind Sie zweifellos eine Kandidatin für eine HET während der Menopause, denn es wird das Risiko senken. HET verringert die Gefahr eines Infarkts um 50 Prozent. Mit einer familiären Neigung zu den genannten Krankheitsbildern sollten Sie in jedem Fall zu Ihrem Selbstschutz eine HET beginnen. Es ist niemals zu spät, eine HET zu beginnen, und es gibt kein Alter, in dem Sie die HET altersbedingt absetzen müssten. Eine Hormonersatztherapie können Sie in der Tat ein Leben lang durchführen.

5

KAPITEL

# GESUNDHEITS-CHECKS

Auf Ihre Gesundheit zu achten ist der Schlüssel für ein fortgesetzt gesundes und aktives Leben. Hören Sie auf Ihren Körper und lernen Sie, die Signale zu verstehen, die er sendet. Sie werden mit Wohlbefinden und Zufriedenheit belohnt. Unseren Körper zu kennen und unsere Gesundheit zu stärken hilft uns, Erkrankungen frühzeitig zu erkennen. Die bei weitem wichtigsten Checks für Frauen in den Wechseljahren sind die Selbstuntersuchung der Brust und die Mammographie. Letzterer sollten wir uns alle zwei Jahre unterziehen.

## MEDIZINISCHE TESTS

***Die Mediziner können Ihre Gesundheit während der Wechseljahre durch eine Reihe von Untersuchungen und Tests überwachen. Hier sind die wichtigsten aufgeführt.***

- *Augenuntersuchung.*
- *Blutuntersuchung zur Hormonspiegelbestimmung und Schilddrüsenfunktion.*
- *Mammographie.*
- *Blutdruckmessung.*
- *Blutuntersuchung bezüglich hoher Cholesterinwerte.*
- *Urintest auf Diabetes mellitus.*
- *PAP-Test beziehungsweise Abstrich.*
- *Knochendichtemessung.*
- *EKG.*

# ACHTEN SIE AUF IHRE GESUNDHEIT

Ab den Wechseljahren müssen wir Frauen uns regelmäßig einer Reihe von Gesundheitskontrollen unterziehen. Manche Tests, die wir von früher kennen, werden nun häufiger durchgeführt, und neue Tests werden hinzukommen, weil unser Körper sich in den Wechseljahren verändert. Sollten sich bei den gynäkologischen Routinetests Anomalien herausstellen, so kann vielleicht eine Kolposkopie (siehe S. 67), eine exakte Untersuchung des Gebärmuttermundes, hinzukommen. Im Idealfall wird ein eingespieltes Team unsere Gesundheit überwachen, dessen wichtigstes Mitglied Sie selbst sind. Die anderen sind Ihr Arzt oder Ihre Ärztin, der Gynäkologe, der Röntgenfacharzt, der Ihre Mammographie auswertet, der Zytologe, der den PAP-Abstrich abliest und so weiter. Betrachten Sie all diese Spezialisten als ein Unterstützungteam, mit dem Sie zusammenarbeiten, diskutieren und informierte Entscheidungen treffen.

Für die Verordnung von Hormonersatztherapien sind die Ärzte verantwortlich (siehe S. 43–60). Vor der Verschreibung einer HET sollte stets eine sorgfältige gynäkologische Untersuchung, einschließlich PAP-Abstrich, Brustuntersuchung, Gewichts- und Blutdruckkontrolle stehen. Idealerweise sollten Sie eine Mammographie und eine Knochendichtemessung vornehmen lassen, um auch eine Vorhersage bezüglich einer Osteoporose treffen zu können. Wenn Sie eine HET durchführen, so sollten Sie alle sechs Monate Ihren Arzt aufsuchen und mögliche Nebenwirkungen oder Schmierblutungen diskutieren und Gewichts- und Blutdruckkontrollen vornehmen lassen.

## SELBSTBEOBACHTUNG

Es gibt viele Dinge, die man selbst tun kann, um die eigene Gesundheit zu überwachen. Es fällt Frauen über 55 beispielsweise sehr viel schwerer, überflüssige Pfunde zu verlieren als Frauen mit 35, deshalb sollte man rechtzeitig einmal wöchentlich das Gewicht kontrollieren. So können Sie niemals mehr als einige wenige Kilo zu viel haben und können diese, wenn nötig, gezielt in kurzer Zeit abnehmen. Wenn wir einen genauen Menstruationskalender führen, in dem wir auch Notizen zu unserem körperlichen und seelischen Allgemeinbefinden eintragen, können wir leichter erkennen, in welchen Stadium der Menopause wir uns befinden. Wir werden selbstbewusster und sicherer im Umgang mit unseren Wechseljahrsbeschwerden.

# IHRE BRUST

Für manche Frauen bedeuten die Wechseljahre vergrößerte Brüste, die druckempfindlich und schmerzhaft sein können. Eine mögliche Erklärung hierfür ist die mit dem Älterwerden einhergehende Zunahme an Zyklen ohne Eisprung (siehe S. 15). Das heißt, es wird kein Progesteron gebildet, das die Wirkung des Östrogens kontrolliert. Die Brüste sind daher einer verlängerten Zeitspanne der reinen Östrogen-Stimulation ausgesetzt, und dies kann in Schwellung resultieren.

## SELBSTUNTERSUCHUNG DER BRUST

Jede Frau sollte mindestens einmal im Monat ihre Brust genau untersuchen. Für Frauen, die noch menstruieren, liegt der beste Zeitpunkt am Ende der Periode, wenn die Brüste weich und relativ unempfindlich sind. Nach der Menopause ist jeder Tag gleich gut geeignet.

### Die Brüste ertasten

Legen Sie sich auf den Rücken, und schieben Sie ein Kissen unter Kopf und Schultern. Der Arm der jeweiligen Brust, die untersucht werden soll, wird seitlich abgelegt. Tasten Sie nun mit der flachen Hand des anderen Armes die Brust in sanften kreisenden Bewegungen ab. Zum Schluss prüfen Sie entlang des Schlüsselbeins und in der Achselhöhle ebenfalls noch auf Knoten (siehe Abbildung Mitte).

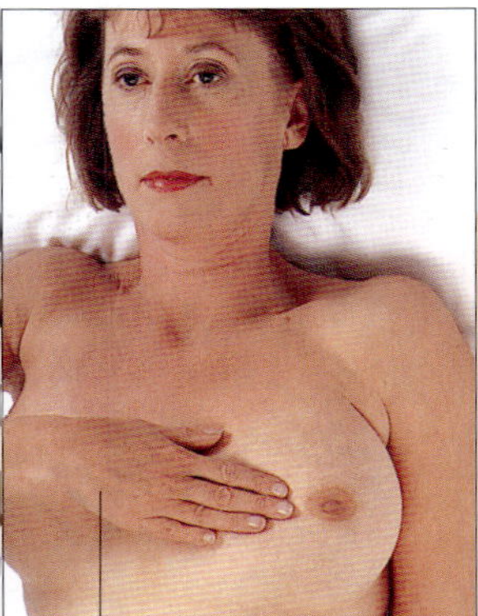

*Untersuchen Sie die linke Brust mit der rechten Hand, die rechte Brust mit der linken Hand.*

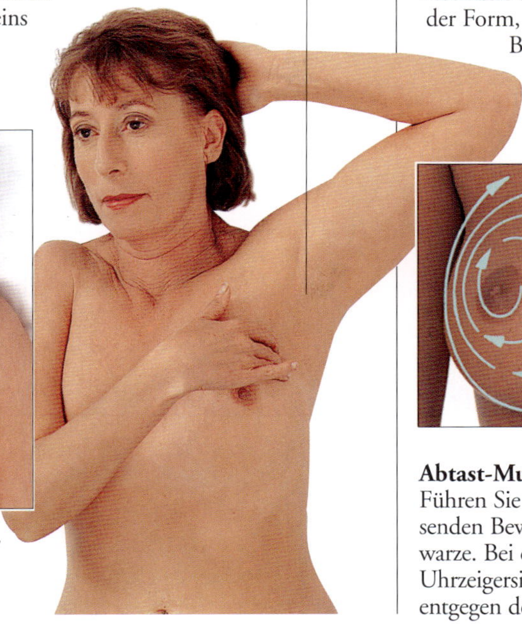

*Tasten Sie die Achselhöhlen und das Schlüsselbein sorgfältig ab.*

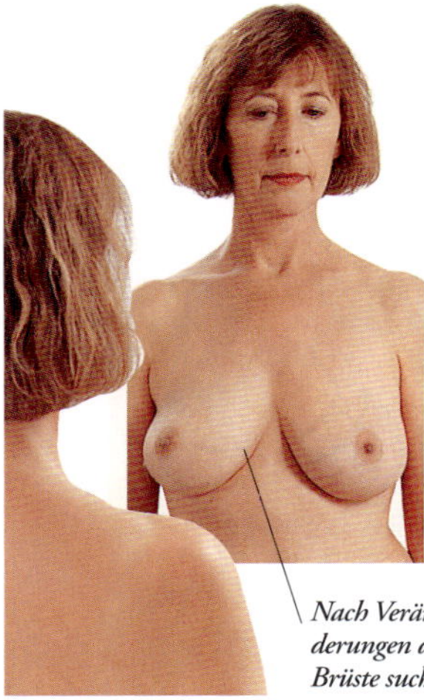

*Nach Veränderungen der Brüste suchen.*

### Worauf achten?

Stellen Sie sich nackt vor einen Spiegel. Lassen Sie zunächst die Arme herunter hängen und betrachten Sie die Form der Brüste genau. Heben Sie nun die Arme über den Kopf, vergleichen Sie die Brüste erneut und achten Sie besonders auf Veränderungen der Form, der Haut und der Brustwarzen.

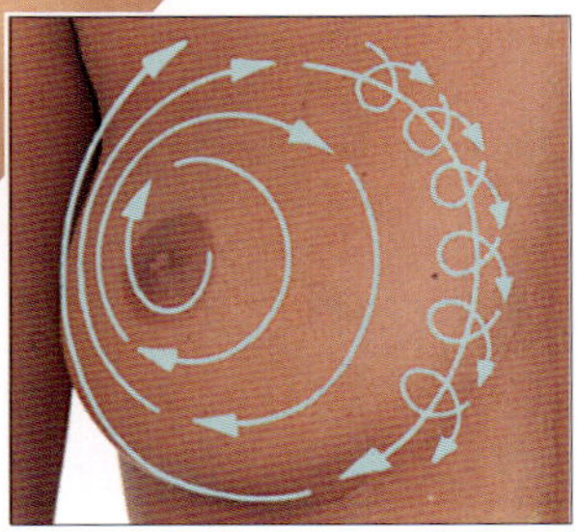

### Abtast-Muster

Führen Sie Ihre Hand mit kreisenden Bewegungen zur Brustwarze. Bei der linken Brust im Uhrzeigersinn, bei der rechten entgegen dem Uhrzeigersinn.

## EMPFOHLENER ZEITPLAN

***Wenn Sie mit einer HET beginnen wollen und im letzten Jahr keine Mammographie haben machen lassen, wird Ihr Arzt Ihnen sicherlich zu einer Mammographie raten. Darüber hinaus können Sie Ihren Arzt bitten, jedesmal, wenn ein neues HET-Rezept ausgestellt wird, Ihre Brust abzutasten. Dies sollte zusätzlich zu Ihrer regelmäßigen Selbstuntersuchung geschehen.***

*Sollte Ihr Mammogramm einen Knoten nachweisen, wird man Ihnen raten, die HET so lange abzusetzen, bis der Knoten eingehend diagnostiziert wurde. Einige Ärzte sehen Brustkrebs als Gegenanzeige zu einer HET. Andere Gynäkologen jedoch werden Ihre Dosis und die Darreichungsform so anpassen, dass sie Ihren Bedürfnissen entspricht und so jedes Risiko minimiert.*

# MAMMOGRAPHIE

Bei der Mammographie handelt es sich um eine strahlungsarme Röntgenuntersuchung der Brust, die die Veränderungen der Gewebedichte und -konsistenz aufzeigt, wie zum Beispiel Zysten und Tumore. Hierbei werden mehrere Röntgenbilder angefertigt; die Strahlung dringt einige Zentimeter in das Gewebe ein und ist harmlos. Eine erhöhte Gewebedichte oder eine Kalzifikation (Kalkeinlagerung) können auf Ungewöhnliches oder gar Krebs deuten.

## WIE WIRD EINE MAMMOGRAPHIE GEMACHT?

Um eine Mammographie machen zu lassen, müssen Sie bis zur Taille unbekleidet Ihre Brüste in verschiedenen Positionen, das heißt, von verschiedenen Winkeln röntgen lassen. Hierzu muss die Brust zwischen zwei Röntgenplatten gepresst werden. Diese Prozedur kann recht unangenehm sein, ohne im echten Sinne schmerzhaft, nur bei besonders druckempfindlicher Brust.

Als besonders zuverlässig hat sich die Mammographie bei großen Brüsten erwiesen; es ergeben sich besonders akkurate Bilder, die den Kontrast zwischen normaler Gewebedichte und Abweichungen deutlich sichtbar machen. Ein Radiologe wird diese Aufnahmen penibel auswerten und in der Lage sein, auch kleinste Zysten und Geschwulste zu erkennen, die man nicht ertasten kann, auch nicht bei den regelmäßigen monatlichen Selbstuntersuchungen. Die Aufnahmen bei kleineren Brüsten sind weniger aussagekräftig; ebenso bei Brüsten mit Implantaten, da diese die Sicht auf das Gewebe verstellen.

## WIE OFT?

Frauen über 45 Jahren sollten sich mindestens alle zwei Jahre einer Mammographie unterziehen. Liegt eine familiäre Belastung vor, also sind Mutter oder Schwester an Brustkrebs erkrankt, so sollte dies öfter geschehen. Da diese Röntgenuntersuchung auch kleinste Tumore sichtbar machen kann, noch bevor sie sich ausbreiten, ist dieses Verfahren eines der wichtigsten Instrumente der Krebsfrüherkennung. Wissenschaftliche Studien ergaben, dass nahezu 90 Prozent aller Brustkarzinome, die durch Mammographie entdeckt wurden, bereits bei der „Basis"-Mammographie auffielen. Ist die Basis-Untersuchung unverdächtig, sinkt die Wahrscheinlichkeit, dass bei den nächsten Untersuchungen Tumore entdeckt werden. In jedem Fall wird diese Untersuchungsmethode jegliche Veränderung sichtbar machen.

# DIE KNOCHENDICHTE

In den ersten Jahren nach dem Absinken des Östrogenniveaus verlieren viele Frauen rapide an Knochendichte. Östrogen ist verantwortlich für die Erhaltung und Wiederherstellung von Knochenmasse. Ohne ausreichende Mengen an Östrogen baut der Knochen mehr ab, als er aufbauen kann. Das führt zu porösen Knochen und letztendlich zu Osteoporose (siehe S. 70–76). Später lässt der Knochenabbau zwar nach, aber die bereits entstandenen Schäden können schon irreparabel sein.

## DIE MESSUNG DER KNOCHENDICHTE

Die Knochendichtemessung eröffnet uns die Sicht auf unser Skelett. Das Verfahren beruht auf dem Prinzip, dass Röntgenstrahlen harte Strukturen wie Knochen nicht durchdringen können. Je weißer Ihre Knochen auf dem Röntgenbild erscheinen, um so dichter, sprich gesünder, sind sie. Je dunkler die Wiedergabe der Knochen auf der Aufnahme, desto poröser und brüchiger sind sie.

Eine Knochendichtemessung empfiehlt sich bei Verdacht auf Osteoporose und zur Kontrolle einer Osteoporosetherapie. Experten vertreten die Ansicht, dass durch eine einmalige Messung der Knochendichte etwa zum Zeitpunkt der Menopause das individuelle Osteoporoserisiko bestimmt werden kann. Frauen können demnach in zwei Gruppen aufgeteilt werden: Jene mit geringer Knochenmasse und einem hohen Knochenbruchrisiko und jene, die eine starke Knochenmasse vorweisen und ein entsprechend geringes Fraktur- und Osteoporoserisiko haben.

## WIE WIRD DIE MESSUNG VORGENOMMEN?

Das verbreitetste, präziseste Verfahren ist die Duale-Photonen-Emissionscomputertomographie. Dieses nicht invasive Verfahren kann in den Röntgenabteilungen der Krankenhäuser, Wechseljahrskliniken, frauenärztlichen und chirurgischen Praxen durchgeführt werden. Die Knochendichtemessung wird von einem Röntgenfacharzt ausgewertet. Für die Messung liegen Sie auf einem Röntgentisch und ein Photonenstrahl tastet Ihren Körper ab. Die Dichte der Wirbelsäule und des Oberschenkelknochens bietet Information über die gesamte Knochengesundheit. Mit einer ähnlichen Technik, der Single-Photonen-Emissionscomputertomographie werden die Knochen Ihres Handgelenks gemessen. Dazu müssen Sie Ihren Arm zwischen den niedrig dosierten Photonenstrahl und einen Detektor legen. Zwischen Ihren Röntgendaten und dem Erscheinungsbild wird mittels einer bestimmten Skala eine Korrelation zu Ihrer Knochengesundheit errechnet.

### KNOCHEN-DICHTEMESSUNG – FÜR WEN?

***Meiner Meinung nach sollten alle Frauen mit menopausalen Beschwerden eine Messung vornehmen lassen, besonders aber jene mit Knochen- und Gelenkschmerzen.***

*Der beste Zeitpunkt für eine Knochendichtemessung ist das Einsetzen der Beschwerden, aber jede andere Zeitpunkt ist ebenso ausreichend.*

### Bluttest auf Eierstockkrebs

***Neue Forschungen deuten darauf hin, dass das Vorhandensein des Hormons Inhibin ein Warnsignal für Eierstockkrebs sein kann.***

*Inhibin kann mittels eines einfachen Bluttests nachgewiesen werden und ist ein sehr viel weniger aufwändiges Verfahren als eine Laparoskopie, das Einführen eines Schlauches durch die Bauchdecke.*

*Inhibin taucht bereits in einem sehr frühen Stadium der Krankheit auf – bis zu 20 Monate, bevor der eigentliche Krebs nachweisbar wird. Ein Test auf Inhibin ermöglicht somit eine frühzeitige Diagnose. Ein immenser Vorteil, da Tumore schon relativ groß gewachsen sein können, bevor sie Probleme bereiten.*

*Die Heilungschancen stehen auch hier in direktem Zusammenhang mit der Früherkennung. Dieser Test kann also wortwörtlich lebensrettend sein. Das Überprüfen des Inhibinspiegels kann auch anzeigen, ob eine Therapie anschlägt oder nicht – leider sind diese Tests nur in wenigen Spezialkliniken eingeführt.*

# Tests der Gebärmutter und der Eierstöcke

Zwischen 55 und 65 Jahren steigt das Risiko an Gebärmutterkrebs zu Erkrankungen um mehr als das Doppelte, und bösartige Eierstockgeschwulste treten nach dem 50. Lebensjahr am häufigsten auf.

## Der Pap-Abstrich

Obwohl Gebärmutterhalskrebs bei Frauen nach der Menopause relativ selten ist, erweist sich ein Gebärmutterhalsabstrich als wirksames Verfahren zur Früherkennung und zwar für Frauen jeder Altersstufe. Bevor sich tatsächliche Krebszellen entwickeln, entstehen so genannte präkanzeröse Zellveränderungen, die weder Beschwerden auslösen noch mit dem bloßen Auge erkennbar sind. Eine Zellprobe lässt sich jedoch unter dem Mikroskop untersuchen, und der Arzt wird jede noch so kleine Veränderungen feststellen können und eine entsprechende Therapie einleiten können.

Bei der Bewertung von Zellveränderungen im Bereich der Zervix werden die Abweichungen zunächst in die Gruppen „leicht“, „mittelschwer“ und „schwer“ unterteilt. Im ersten Fall wird eine Wiederholung des Abstrichs innerhalb der nächsten drei bis sechs Monate angeordnet, da Veränderungen manchmal auch wieder von alleine verschwinden können. Sind die Veränderungen als mittelschwer oder schwer einzustufen, so wird Ihr Arzt vielleicht eine Kolposkopie (siehe rechte Seite) vornehmen, eine mikroskopische Untersuchung der Zervix, also des Gebärmutterhalses. Manchmal werden Frauen auch gebeten, zu einem erneuten Abstrich in die Praxis zu kommen, weil dieser unleserlich war. Schon bei geringen Blutbeimengungen oder bei genitalen Infekten kann das Bild verfälscht werden. Deshalb sollte ein Abstrich nicht kurz vor beziehungsweise nach oder während der Menstruationsblutung vorgenommen werden. Manchmal wurden die Zellproben auch von einer falschen Stelle der Zervix entnommen.

Der Bereich der Zervix, an der Zellveränderungen auftreten, heißt die Transformationszone, welche sich mit zunehmendem Alter verändert. Sie wandert nach der Menopause in den Gebärmutterhals und ist nicht mehr so leicht erreichbar. In diesem Fall wird eine kleine Bürste benutzt, die vom Arzt vorsichtig in den Gebärmutterhals eingeführt wird, um die Zellen zu entnehmen.

Eine häufige Ursache für Zellveränderungen sind genitale Warzen oder Feigwarzen beziehungsweise der Human-Papilloma-Virus (HPV). Eine HPV-Infektion ruft Veränderungen der Zervixzellen hervor, die jedoch in 30 Prozent der Fälle spontan wieder verschwinden. Frauen, die eine HPV-Infektion hatten, sollten einmal jährlich einen PAP-Abstrich machen lassen. Andere Frauen sollten alle zwei Jahre einen Abstrich veranlassen.

### WIE WIRD EIN PAP-ABSTRICH GEMACHT?

Der PAP-Abstrich wird während der normalen gynäkologischen Untersuchung vorgenommen. Dazu führt der Arzt ein Spekulum durch die Scheide bis zum Gebärmutterhals, hält diesen dadurch geöffnet und entnimmt dem Gebärmuttergewebe eine Zell- und eine Schleimprobe. Wenn überhaupt, spüren Sie nur ein leichtes Schürfen, ansonsten ist die Prozedur schmerzlos.

### TESTERGEBNISSE UND EMPFEHLUNGEN

Die Ergebnisse des Abstrichs werden in vier oder fünf Gruppen eingeteilt. Ergab der Abstrich keine Hinweise auf Zellveränderungen, lautet die Laborüberprüfung „negativ", und Ihr nächster Test sollte in zwei bis drei Jahren sein. Die nächste Kategorie ist die einer milden Entzündung oder Dysplasie. In diesem Fall sollte bereits nach sechs Monaten nachgetestet werden.

Einen positiven Abstrich zu haben, bedeutet, dass mittelschwere Zellveränderungen vorliegen, die weiterer Tests bedürfen, wie einer Kolposkopie (siehe unten). Liegt eine schwere Zellveränderung beziehungsweise Zellfehlentwicklung vor mit oder ohne so genannten invasiven (= eindringenden) Krebs, wird eine Kolposkopie mit oder ohne Konisation (siehe Randspalte rechts) durchgeführt.

## DIE KOLPOSKOPIE

Bei Verdacht auf Zellveränderungen führen viele Gynäkologen als erstes eine Kolposkopie – eine Untersuchung der Vaginalwände wie auch der Zervix – mit Hilfe eines speziellen Vergrößerungsgerätes, eben des Kolposkops, durch, das die Zelloberfläche stark vergrößert. Erfahrene Ärzte können akute und chronische Infektionen, Polypen und präkanzeröse Zellen sofort erkennen. Wird der Verdacht auf Zellveränderungen bestätigt, raten sie meist zu einer operativen Entfernung der erkrankten Gewebebereiche mittels Abrasio oder Konisation (siehe dazu Randspalte rechts).

### DIE KONISATION

***Dieses Verfahren wird durchgeführt, wenn eine Kolposkopie veränderte Zellen in der Zervix aufweist oder wenn eine Kolposkopie keinen eindeutigen Aufschluss ergab. Das letztere kann vor allem für Frauen ab 35 zutreffen, da weniger Zervixgewebe sichtbar ist, das sich auf Grund des Alters zurückzieht.***

*Unter Vollnarkose wird ein kegelförmiges Gewebeteil aus dem Gebärmutterhals mittels Laser oder Skalpell herausgeschnitten, wobei der Fuß des Kegels außerhalb der Zervix, die Spitze tief in der Zervix liegt. Dieser Kegel gibt Aufschluss über das Stadium der Erkrankung. Die Stelle wird durch Laser, Nähen oder Vereisen geschlossen, um Blutungen zu reduzieren.*

### ABRASIO

***Die neuste Methode, Zellproben zu entnehmen, ist die so genannte Abrasio.***

*Bei dieser relativ einfachen Technik werden mittels einer elektrisch erhitzten Schlinge Zellen aus dem betroffenen Gewebe entnommen. Der große Vorteil dieser Technik ist, dass sie ambulant und ohne Vollnarkose durchgeführt wird. Außerdem wird ein kleinerer Gewebeanteil entnommen als bei der Konisation.*

## HERZ-KREISLAUF-KONTROLLEN

***Wenn Sie beschwerdefrei sind, mehrmals pro Woche Sport treiben, kein Übergewicht haben und nicht rauchen, dürfte es unwahrscheinlich sein, dass Sie an einer Herz-Kreislauf-Erkrankung leiden. Gelegentliche Kontrolluntersuchungen reichen dann völlig aus.***

*Dazu gehört die Blutdruckmessung, die Kontrolle der Herztöne, das Abhören der Lunge, eventuell ein Elektrokardiogramm (EKG) und eine Blutuntersuchung. Wer aber an Bluthochdruck leidet, zu hohe Cholesterinwerte hat, sich wenig bewegt, raucht und Übergewicht hat, sollte sich ab 35 einmal jährlich kontrollieren lassen. Ein EKG ist erst dann nötig, wenn Ihr Arzt eine Anomalie findet.*

*Das EKG ermöglicht die frühzeitige Diagnose einer Herzerkrankung und wird meist in der Arztpraxis gemacht. Um die elektrischen Herzströme zu messen, werden den Patienten Elektroden auf die Brust, Handgelenke und Fußgelenke „geklebt", die über Drähte mit einem Gerät verbunden sind, das die elektrischen Signale, die bei der Kontraktion des Herzes entstehen, aufzeichnet. Bei gesunden Menschen ergeben die Ströme ein bestimmtes Muster. Schon kleinste Abweichungen sprechen für Störungen der Herzfunktion und können ein wichtiges Frühwarnsignal sein.*

*Um die Belastungsfähigkeit des Herzes zu prüfen, wird oft auch noch ein Belastungs-EKG gemacht. Dabei müssen die Patienten während der Aufzeichnung ihrer Herztöne beispielsweise auf einem Laufband laufen.*

# WEITERE TESTS

Mit den ersten Symptomen der Menopause wird Ihnen Ihr Arzt wahrscheinlich vorschlagen, den Östrogenspiegel zu überprüfen, sowie ihre Herzfunktion, da Herzerkrankungen die größte Todesursache für postmenopausale Frauen ist.

## DIE BESTIMMUNG DES HORMONSPIEGELS

Der sehr spezialisierte Hormontest wird vermutlich eher von Ihrem Gynäkologen als von Ihrem Hausarzt angeordnet werden, obwohl es auch einige Kliniken gibt, die ähnliche Verfahren anbieten.

Mit der Menopause erleben wir tief greifende Veränderungen unseres Hormonhaushaltes – und dann noch einmal in den 70ern und 80ern. Zunächst lässt die Produktion der beiden wichtigsten Östrogene, Östradiol und Östron, nach. Östradiol wird auf sehr niedrigem Niveau für den Rest Ihres Lebens bleiben, es sei denn, Sie führen eine HET durch. Östron folgt einem etwas anderen Muster. Bis etwa zum 70. Lebensjahr sinken die Werte langsam ab, danach steigen sie jedoch peu à peu wieder an. Ein niedriges Niveau an Östradiol und Östron in der Lebensmitte bedeutet ein unmittelbares Bevorstehen der Menopause. Das zeigt sich im Bluttest als hoher FSH-Wert (Follikel stimulierendes Hormon) und als luteinisierendes Hormon, LH.

So lange Sie keine Beschwerden oder typischen Frühsymptome der Wechseljahre haben, wird kaum ein Arzt eine Hormonspiegelbestimmung durchführen. Leiden Sie jedoch an Hitzewallungen, Nachtschweiß, Rückenschmerzen oder Trockenheit der Vagina, kann ein solcher Bluttest für FSH und LH Klarheit darüber bringen, ob Sie sich der Menopause nähern.

## EMPFEHLUNGEN

Meiner Meinung nach ist die ausreichende Information für Frauen, die vor der Menopause stehen, grundlegend wichtig. Wenn wir wissen, was in unserem Körper geschieht, können wir auch mit den Beschwerden, die wir erleben, besser umgehen. Es bedeutet auch, dass wir Strategien entwerfen können, um die Folgen der Wechseljahre in den Griff zu bekommen. So können wir beispielsweise überprüfen, ob wir eine Kandidatin für eine HET sind – lesen Sie hierzu die Tabelle auf Seite 45. Frauen, die mit Herzkrankheiten und Osteoporose familiär belastet sind oder niedrige FSH- und LH-Werte haben, können eventuell schon vor der Menopause mit einer maßgeschneiderten HET beginnen.

6

KAPITEL

# LANGZEITFOLGEN DER HET

Das Absinken des Östrogenspiegels während der Menopause zusammen mit dem natürlichen Alterungsprozess in den postmenopausalen Jahren führt oft dazu, dass Frauen anfälliger für Erkrankungen werden. Eine der schlimmsten Krankheiten ist die Osteoporose, das größte Gesundheitsrisiko für Frauen nach der Menopause – es ist verbreiteter als Herzerkrankungen, Schlaganfall, Diabetes oder Brustkrebs. Zu den weniger schwerwiegenden Erkrankungen zählen Zystitis, Inkontinenz und Beckenbodenprolaps. Obwohl sie nicht lebensbedrohlich sind, können sie doch unangenehme Beschwerden hervorrufen. All dem können Sie jedoch mit einer Kombination aus Vorbeugung, medizinischer Hilfe und Selbsthilfe entgegentreten.

## DIE URSACHEN

***Mit dem Absinken der Östrogen- und Progesteronproduktion während der Menopause verlieren unsere Knochen pro Jahr etwa 0,5 bis 3 Prozent an Masse. Im Alter von 80 Jahren können wir so bis zu 40 Prozent unserer ursprünglichen Knochenmasse verloren haben.***

*Gesunde Knochen sind von Blutgefäßen und Nervenbahnen durchzogen und verfügen über ein sehr effektives System zur Selbsterhaltung und Reparatur. Spezielle Zellen, die Osteoblasten, bilden die Knochenmasse und bauen diese in die Knochen ein. Die Aktivität der Osteoblasten ist nach heutigem medizinischen Kenntnisstand östrogenabhängig. Sinkt der Östrogenspiegel, wird die Knochenmasse demzufolge nicht mehr ausreichend aufgebaut.*

*Gesunde Knochen sind reich an Kalzium. Östrogen ermöglicht den Kalziumtransport über das Blut zu den Knochen. Mit sinkendem Östrogenspiegel nimmt auch die Kalziumversorgung der Knochen ab, und sie werden brüchig.*

*Langfristig entstehen kleine Löcher in den Knochen. Zum einen werden die Gerüstknochen und die Stützknochen dünner, zum anderen nimmt die Knochenmasse insgesamt infolge der mangelhaften Kalziumversorgung ab. Früher oder später werden die kleinen Krater in den Knochen zu Löchern, ähnlich denen eines Schweizer Käses. Die Knochen verlieren ihre Festigkeit, werden porös und brechen leicht. Für eine Frau mit schwerer Osteoporose der Wirbelsäule kann ein kleiner Stoß oder ein leichter Sturz genügen, um die Wirbel brechen zu lassen.*

# DIE OSTEOPOROSE

Die Osteoporose, der krankhafte Knochenschwund, ist die größte Bedrohung für die Gesundheit und das Leben von Frauen nach der Menopause. Sie tritt weitaus häufiger auf als Herz- und Kreislauferkrankungen, Schlaganfälle, Diabetes und Brustkrebs. Im Frühstadium gibt es keine Beschwerden, und so wissen es viele Frauen nicht, dass sie diese Krankheit haben.

Der Begriff der „Osteoporose“ stammt aus dem Altgriechischen und bedeutet: „Knochen mit vielen Löchern“. Die medizinische korrekte Definition von Osteoporose lautet: „Geringere Knochenmasse als dem Alter entsprechend, mit erhöhter Bruchgefahr“. Manche Ärzte sprechen nur dann von einer Osteoporose, wenn es bei geringerer Knochendichte bereits zu Brüchen gekommen ist. Solange „lediglich“ die Knochendichte im Vergleich zum Alter verringert ist, ohne dass Brüche aufgetreten sind, verwenden die Mediziner den Begriff der „Osteopenie“.

## RISIKOFAKTOREN

Die Hauptursache der Osteoporose ist der natürliche Alterungsprozess, aber auch andere bösartige Erkrankungen, wie chronische Leberstörungen und rheumatische Arthritis können zu Knochenschwund führen. Farbige Frauen sind übrigens aufgrund ihrer genetisch bedingten höheren Knochendichte weniger gefährdet als weiße Frauen. Daneben gibt es noch weitere Faktoren (siehe S. 71–72), von denen die maximale Knochenmasse die wichtigste Rolle spielt.

### GERINGE KNOCHENDICHTE

Von Beginn unserer Geburt bis ins frühe Erwachsenenalter nimmt unsere Knochenmasse oder -dichte kontinuierlich zu. Zwischen unserem 25. und 35. Lebensjahr erreicht sie ihr Maximum, dann nimmt sie langsam wieder ab. Mit wie viel Knochenmasse wir in die Wechseljahre gehen, hängt von der Höhe dieses Maximalwertes ab, seinem Zeitpunkt und dem Tempo, in dem wir danach unsere Knochenmasse wieder verlieren. Ein geringer Maximalwert bedeutet somit ein hohes Osteoporoserisiko nach der Menopause.

### AMENORRHOE

Frauen mit einer prä-menopausalen Amenorrhoe, dem Ausbleiben der Menstruation, haben wegen niedriger Östrogenwerte ein erhöhtes Osteoporoserisiko. Besonders gefährdet sind zwei Gruppen: Magersüchtige Frauen (Anorexia nervosa) und Leistungssportlerinnen, die extrem hart trainieren und dabei noch zusätzlich eine einseitige Diät halten. Durch die geringe Nahrungszufuhr sinkt das Fett-Muskel-Verhältnis im Körper, was zum Ausschalten der Östrogenproduktion in den Eierstöcken führt.

## HYPERTHYREOSE

Eine Hyperthyreose, die Überfunktion der Schilddrüse, und die Einnahme von Schilddrüsenhormonen bedingen ebenfalls ein erhöhtes Osteoporoserisiko. Bei Hyperthyreosepatienten ist das Tempo des Knochenverlustes um bis zum Siebenfachen gegenüber dem normalen Alterungsprozess erhöht. Wenn Sie zu dieser Gruppe gehören, lassen Sie Ihre Schilddrüsenfunktion regelmäßig überprüfen, die Medikamentendosis anpassen und Ihre Knochendichte messen!

## VORZEITIGE MENOPAUSE

Eine vorzeitige oder sehr frühe Menopause ist aufgrund des damit verbundenen Nachlassens der Östrogenproduktion ein zusätzlicher Risikofaktor. Nach Zahlen der britischen National Osteoporosis Society haben Frauen, die bereits im Alter von 60 bis 69 Jahren an Osteoporose erkrankt waren, in der Mehrheit eine sehr frühe Menopause gehabt. Zwar verordnen inzwischen viele Ärzte in solchen Fällen Hormonersatztherapien (siehe S. 43–60), in erster Linie erfolgt dies jedoch zur Behandlung der eher sichtbaren Wechseljahrsbeschwerden, wie Hitzewallungen oder Nachtschweiß, und nicht zur Osteoporosevorbeugung, was eine längere Einnahmefrist bedeuten würde.

## HYSTEREKTOMIE UND OVARIEKTOMIE

Auch die chirurgische Entfernung der Eierstöcke, die Ovariektomie, erhöht die Osteoporosegefahr, sind die Eierstöcke doch die Hauptproduzenten des körpereigenen Östrogens. Falls die Frau keine HET bekommt, zeigen sich die ersten Osteoporosesymptome im Durchschnitt etwa vier Jahre nach der Operation. Leider gilt das, wenn auch nicht so ausgeprägt, auch für Frauen, die sich einer Entfernung der Gebärmutter unterziehen mussten, der Hysterektomie.

Wie die britische National Osteoporosis Society berichtet, erhalten in Großbritannien nur zwei Prozent aller Frauen, denen die Eierstöcke und die Gebärmutter entfernt wurden, eine HET.

## DIE MAXIMALE KNOCHENMASSE STÄRKEN

***Je größer die maximale Knochenmasse, desto besser unsere Ausgangsposition für das Alter. Die Knochendichte hängt von folgenden Faktoren ab:***

- *Eine ausreichende Versorgung mit Kalzium und Vitamin D. Kalzium und Vitamin D sind essentiell für die Knochengesundheit.*
- *Keine oder wenig körperliche Aktivitäten in den 20ern schmälern den Maximalwert. Zu viel Sport (siehe Amenorrhoe) ist jedoch auch ungesund.*
- *Positive Einflüsse auf die Knochendichte haben ein früher Menstruationsbeginn, eine späte Menopause, die Pille und mehrere Schwangerschaften.*
- *Auch die Vererbung spielt eine Rolle. Hatten Ihre beiden Elternteile kräftige und starke Knochen, werden Sie wahrscheinlich eine ähnliche Knochenstruktur geerbt haben.*

## DER „WITWENBUCKEL“

***Dieser beeinträchtigende Zustand weist vier Merkmale auf: Verlust an Körpergröße, eine gekrümmte Körperhaltung, ein vorstehender Bauch und ein schlurfender Gang.***

*Durch den schrittweisen Verlust an Knochendichte und das Kollabieren der Wirbel wird der Brustkorb zur Hüfte hin zusammengedrückt. Die starke Krümmung der Wirbelsäule im oberen Rückenbereich bewirkt ihrerseits eine starke Krümmung der Wirbelsäule im unteren Rückenbereich, wodurch die Bauchorgane nach außen gedrückt werden.*

*Durch die Kompression der Wirbel verlieren Frauen bis zu 20 cm an Körperlänge. Da in der Folge die inneren Organe zusammengedrückt werden und ihre ursprüngliche Position verändern, beengen sie wiederum weitere Organe und Körpersysteme. Verstopfung kann zum Problem werden, die Atmung wird unter Umständen erschwert, und Schmerzen ziehen durch den ganzen Körper hinweg, da die zusammengedrückten Wirbel auch auf Nervenbahnen drücken. Die Bewältigung des Alltags kann zunehmend schwieriger werden.*

### RAUCHEN

Starke Raucherinnen können ihre Menopause fünf Jahre früher erfahren als Nichtraucherinnen. Zudem verringert starkes Rauchen die positiven Wirkungen einer HET und schwächt die Sauerstoffversorgung des Körpers. Bei geringer Sauerstoffzufuhr sind fernerhin die Knochen schlecht versorgt. Auch Passivrauchen bedeutet eine Gefahr. Untersuchungen haben ergeben, dass Passivraucher etwa ein Fünfzehntel des Nikotins einatmen, welches von einem Raucher aufgenommen wird. Im Durchschnitt haben Passivraucherinnen ihre Menopause etwa drei Jahre früher als Nichtraucherinnen. Das Rauchen sollte lange vor der Menopause eingestellt werden, und der Aufenthalt in verräucherten Räumen sollte vermieden werden.

### KORTISON UND ANDERE STEROIDE

Eine der gefährlichsten Medikamentengruppen bezüglich der Knochengesundheit sind die Steroide, wie etwa Kortison und Prednison. Sie werden bei einer Vielzahl ernsthafter Krankheiten verordnet, zum Beispiel einer schweren rheumatischen Arthritis. Bei Langzeitbehandlungen kann es allerdings zu Knochenschwund kommen. Bitten Sie Ihre Ärzte, Ihnen die geringst mögliche Dosierung zu verschreiben, um Knochenschäden so minimal wie möglich zu halten.

## DIE DIAGNOSE DER OSTEOPOROSE

Die Vorbeugung und Behandlung einer Osteoporose hängen von der rechtzeitigen Diagnose von Knochenveränderungen ab. Die Medizin muss beide Gruppeen identifizieren: die gefährdeten und die bereits erkrankten Frauen. Nicht nur unsere Beweglichkeit, auch unser Selbstbewusstsein wird stark beeinträchtigt, wenn wir eine Osteoporose so weit voranschreiten lassen, dass sich schwere und schmerzhafte Symptome einstellen, insbesondere Brüche der Wirbel und des Oberschenkelhalses (siehe rechte Randspalte). Ein Drittel aller Frauen über 65 Jahre erleidet Wirbelbrüche. In der Altersgruppe bis 90 wird jede dritte Frau einen Oberschenkelhals- oder einen anderen Bruch im Hüftbereich erleiden. Dies kann nicht nur schmerzhaft sein, sondern uns auch pflegebedürftig werden lassen. Den physischen folgen seelische Beschwerden, wir verlieren unser Selbstvertrauen. Nehmen Sie die Dinge in die Hand und tun Sie alles, um Ihre Knochen stark und gesund zu erhalten.

Bei Frauen um und über 50 müssen der Verkrümmung der Wirbelsäule, der so genannten Kyphose, und dem Größenverlust besondere Aufmerksamkeit geschenkt werden. Zu den weiteren üblichen Anzeichen gehören: Schmerzen, Kurzatmigkeit, Verdauungsstörungen, Sodbrennen und Inkontinenz. Wenn Sie plötzlich Schmerzen im unteren Rückenbereich, also der Lendenwirbel und Kreuzbeingegend, spüren, sollten Sie sofort ärztlichen Rat einholen. Eine Knochendichtemessung (siehe S. 65) erlaubt eine ziemlich genaue Prognose der Erkrankung.

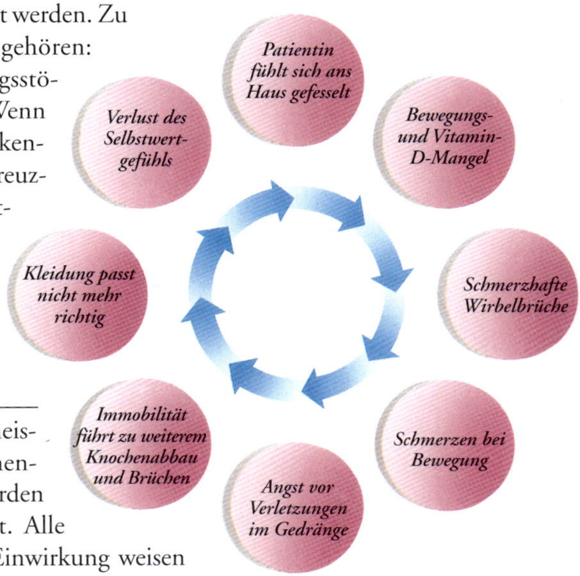


**Im Teufelskreis der Wirbelosteoporose**
Frauen, die an Osteoporose leiden, sehen sich in einem Teufelskreis gefangen, der schrittweise ihr körperliches und seelisches Wohlbefinden zerstört.

## KNOCHENBRÜCHE

Eine beginnende Osteoporose bleibt meistens unentdeckt, auch kleinere Knochenbrüche infolge geringer Einwirkung werden häufig nicht als osteoporotisch erkannt. Alle Knochenbrüche aufgrund nur leichter Einwirkung weisen jedoch auf eine Osteoporose hin! Wenn Sie über 40 Jahre alt sind und sich bei einem leichten Sturz die Hüfte oder das Handgelenk brechen, wird wahrscheinlich eine Osteoporose die Ursache sein. Handgelenksbrüche sind ein typisches Kennzeichen für osteoporotische Brüche. Sie entstehen oft, wenn Frauen versuchen, einen Sturz mit den Händen abzufangen. Sehr viel schmerzhafter und schwerwiegender sind die Frakturen im Hüftbereich, die eine langandauernde Unbeweglichkeit nach sich ziehen. Kompressionsbrüche der Wirbel kommen ebenfalls häufig vor, und wenn Sie sich nicht behandeln lassen, folgen weitere Brüche. Warten Sie nicht, bis es zu spät ist – bis es zu einer Hüftfraktur kommt, haben Sie schon 30 Prozent Ihrer Knochenmasse verloren.

## RÜCKENSCHMERZEN

Bei ständigen Schmerzen im unteren Rückenbereich sollten Sie dringend ärztlichen Rat einholen. Eine weitere Ursache solcher Rückenschmerzen bei menopausalen Frauen kann ein Prolaps sein (siehe S. 89).

Frauen, die an einer Osteoporose der Wirbelsäule leiden, haben im Durchschnitt neun bis zehn Jahre nach Ausbleiben ihrer Menstruationsblutung an ständig stärkeren und häufigeren Rückenschmerzattacken zu leiden. Bei einer vorzeitigen Menopause infolge einer operativen Entfernung der Eierstöcke oder der Gebärmutter können diese Attacken auch schon früher auftreten.

## DIE KONVENTIONELLE THERAPIE

Die medikamentöse Osteoporosetherapie von heute setzt vor allem auf die Prävention beziehungsweise das Stoppen von Knochenschwund, die Verhinderung weiterer Knochenbrüche und die Wiederherstellung gebrochener Knochen, soweit möglich. Beim ersten osteoporotischen Knochenbruch haben die Frauen erfahrungsgemäß bereits 30 Prozent oder mehr ihrer Knochenmasse eingebüßt, manchmal sogar 60 Prozent.

Zwar gibt es Medikamente, die eine Osteoporose umkehren können, doch bereits gebrochene Knochen und Gelenke sprechen nicht sehr gut auf diese Therapie an. Glücklicherweise verfügt die moderne Medizin über einige wirksame Instrumente zur Osteoporosevorbeugung – das wirksamste von allen ist die HET.

### DIE HORMONERSATZTHERAPIE – HET

Wenn Ihre Knochenmasse gering ist, sollten Sie unbedingt eine HET beginnen. Und selbst bei einer hohen Knochendichte kann die HET das künftige Osteoporoserisiko senken. Schon sehr geringe Hormongaben verhindern, dass die Knochen weiter an Kalzium verlieren. Mehrere Studien zeigten, dass eine Kombinationstherapie aus Östrogen und Progestogen, der synthetischen Form des Progesterons, den Knochenstoffwechsel am günstigsten beeinflusst und aktiviert. Progestogen scheint sogar den Knochenaufbau, wenn auch nur in kleinem Umfang, wieder in Gang zu setzen, während Östrogen den Knochenabbau stoppt.

Ferner bestätigte die wissenschaftliche Forschung, dass HET-Östrogen auch die durch Mineralverlust verursachte Schwächung der Knochen verhindert. Die Wirkung scheint aber von der Höhe der Dosis abzuhängen. Bei hoher Dosierung kann Östrogen sogar wieder einen Knochenaufbau im Rückenwirbelbereich anregen, bei niedriger Dosierung verlangsamt es lediglich den natürlichen Alterungsprozess der Knochen. Interessant ist übrigens, dass langjährige Pillenanwenderinnen schwerere und stärkere Knochen haben als Frauen, die niemals hormonelle Mittel zur Empfängnisverhütung genommen haben.

### NICHT-HORMONELLE THERAPIEN

Nicht-hormonellen Therapien setzen in erster Linie auf die Erhöhung der Kalziumzufuhr durch die Ernährung mit Schwerpunkt auf kalziumhaltige Nahrungsmittel, wie Milchprodukte oder Dosenfisch mit Knochen, wie Sardinen. Fragen Sie Ihren Arzt außerdem nach Kalziumersatzpräparaten. Eine Kombination mit anderen Verfahren, einschließlich der HET, maximiert den Erfolg.

Der Wirkstoff Etidronsäure ist zur Osteoporosetherapie im Rückenbereich geeignet. Sie hemmt den Knochenabbau, indem sie die Aktivität der Osteoblasten bremst und den Osteoblasten mehr Raum lässt, ihrer Tätigkeit nachzugehen. Das Ergebnis ist ein kleiner Gewinn an neuer Knochenmasse im Rückenwirbelbereich. Die Wissenschaft hat bislang jedoch noch keinen eindeutigen Beweis für die Wirksamkeit von Editronsäure bei Hüftfrakturen.

Eine weitere Substanz, die sich bei der Behandlung von Wirbelsäulen-Osteoporose bewährt hat, ist Natriumfluorid, das den Knochenaufbau in den Wirbeln anregt. Eine Behandlung mit Natriumfluorid ist nur unter ärztlicher Aufsicht und nach Verordnung möglich. Natriumfluorid wird in Tagesdosen verabreicht und muss zusammen mit bestimmten Kalziumpräparaten eingenommen werden. In kleinen Mengen erhöht Natriumfluorid die Knochendichte und senkt die Bruchgefahr, in höheren Dosen bewirkt es jedoch das Gegenteil – vor allem im Bereich der Hüftknochen. Zudem zeigt die Substanz unerwünschte Nebenwirkungen, wie Übelkeit und Verdauungsstörungen und muss deshalb genau beobachtet werden.

## SCHMERZBEHANDLUNG

Eine Osteoporose der Wirbelsäule kann unerträgliche Schmerzen verursachen, besonders nach neuen Brüchen. In akuten Fällen verschreiben die Ärzte oft starke Schmerzmittel, auch Morphine, die eine schnelle Wirkung zeigen und einen Transport ins Krankenhaus erleichtern. Durch die starke Krümmung der Wirbelsäule beim „Witwenbuckel“ werden auch die Bänder, Sehnen und Muskel ständig gespannt, was sehr schmerzhaft sein kann. Diese Dauerschmerzen lassen sich bestens mit Paracetamol oder auch kodeinhaltigen Schmerzmitteln lindern. Paracetamol macht nicht süchtig, Sie sollten aber dennoch die Dosis nicht eigenmächtig erhöhen; Kodein ist bei stärkeren Schmerzen angezeigt und kann unter anderem Verstopfung verursachen.

Auch die Physiotherapie bietet eine ganze Reihe von schmerzlindernden Verfahren, von der Kurzwellentherapie über Ultraschallwellen, Heizkissen oder Eisbeutel bis hin zur Akupunktur. So genannte TENS- (Transkutane elektrische Nervenstimulation) Apparate sind in den meisten Schmerzkliniken vorhanden.

Wer unter Rückenschmerzen leidet, sollte auch seinen Haushalt und Arbeitsplatz ergonomisch gestalten. Wählen Sie Stühle mit hohen Lehnen, um die gesamte Wirbelsäule zu stützen. Ihr Bett sollte eine feste, aber nicht zu feste Matratze haben, damit die natürliche Krümmung der Wirbelsäule nicht beeinträchtigt wird.

## PHYSIOTHERAPIE

***Die Physiotherapie hilft uns, unsere Muskelkraft zu stärken, unsere Körperhaltung, insbesondere die Haltung der Wirbelsäule, zu verbessern, Schmerzen zu lindern, unsere Knochenstärke zu erhalten und nicht zuletzt unsere Beckenbodenmuskulatur zu trainieren, um Stressinkontinenz zu überwinden.***

*Sie bietet spezielle Übungen zur Behandlung von Atembeschwerden, die durch die Kompression des Brustkorbs verursacht sind. Physiotherapie wird oft als Therapiemaßnahme übersehen, dabei sollte sie ein wichtiger Teil der Osteoporosebehandlung sein. Zudem bietet sie den Vorteil, dass wir viele Therapie-Übungen auch zuhause fortsetzen können.*

*Ein wichtiges Lernziel in der Physiotherapie ist die richtige Atmung. Natürlich brauchen wir dafür keinen besonderen Kurs zu besuchen. Allerdings sollten wir das Atmen unter fachkundiger Anleitung erlernen und uns von Zeit zu Zeit auch kontrollieren lassen.*

*Eine besondere Art der Physiotherapie ist die Hydro- (Wasser-) therapie in 37° C warmem Wasser. Die Wärme entspannt die Muskeln und Gelenke, lindert Schmerzen und erhöht unsere Beweglichkeit. Der Auftrieb des Wassers erleichtert das Trainieren, der Widerstand des Wassers stärkt unsere Muskeln.*

## SELBSTHILFE

***Da die schlimmsten Folgen der Osteoporose die Knochenbrüche sind, müssen sie verhindert werden.***

*Wenn Frauen älter werden, können Stürze auf mangelnde Koordination oder Schwindel und Ohnmacht zurückgeführt werden. Bitten Sie deshalb Ihren Arzt, Ihr Herz und Ihren Blutdruck zu untersuchen. Auch eine Überprüfung Ihrer Augen ist wichtig, besonders auf Glaukom hin, das mit zunehmendem Alter auftritt. Vermeiden Sie, wenn möglich, Beruhigungsmittel jeder Art, weil sie die Aufmerksamkeit beeinträchtigen. Gleiches gilt auch für Antihistamine und Alkohol.*

*Achten Sie auf die Unfallgefahr im Haushalt! Beseitigen Sie potentielle Stolperfallen wie herumliegende Elektrokabel und lose Teppiche. Sichern Sie Treppen mit einem stabilen Handlauf, und seien Sie auf unebenem und glattem Untergrund besonders vorsichtig.*

*Viele Frauen, die an schmerzhaften Brüchen der Wirbelsäule leiden, verlieren auch Ihr Selbstwertgefühl in einem Teufelskreis von körperlichem und seelischem Stress (siehe S. 73). Für manche Frauen ist der Verlust des Selbstvertrauens so schlimm wie die körperlichen Beschwerden.*

*Emotionale Unterstützung von Freunden und Familie oder eine Gesprächstherapie, auch eine Selbsthilfegruppe mit anderen betroffenen Frauen, können einer Frau die positive Lebenseinstellung zurückgeben. Sie wird wieder aktiv und selbstbewusst.*

# OSTEOPOROSEVORBEUGUNG

Da wir alle potentielle Osteoporosekandidatinnen sind, sollten wir frühzeitig gegensteuern und unsere natürliche Widerstandskraft stärken. Glücklicherweise gibt es eine Vielzahl von Möglichkeiten, unser Leben zu ändern und unsere Knochen gesund zu erhalten. Regelmäßiges Training, eine ausgewogene Diät und mentale Fitness können unsere allgemeine Fitness stärken. Sie sollten auch Ihre Gesundheit regelmäßig vom Arzt überprüfen lassen (siehe Randspalte S. 79). Zusätzlich sollten Sie eine HET in Erwägung ziehen (siehe S. 74).

## REGELMÄSSIGE BEWEGUNG

Sportmedizinische Gutachten haben gezeigt, dass ein direkter Zusammenhang besteht zwischen Knochendichte und sportlichen Aktivitäten. Frauen, die zweimal pro Woche joggen, haben kräftigere Knochen als Frauen, die nur einmal pro Woche trainieren. Diese wiederum haben noch dichtere Knochen, als Frauen, die überhaupt keinen Sport treiben. Es ist nie zu spät, etwas für den eigenen Körper zu tun. Stärken Sie Ihre Knochen jetzt, damit Sie gegen die Folgen einer nachlassenden Östrogenproduktion nach der Menopause gewappnet sind.

Wenn Sie körperlich nicht aktiv sind, sollten Sie sich zunächst ärztlichen Rat einholen, welches Fitnessprogramm für Sie geeignet wäre. Schon strammes Gehen kann die Knochen kräftigen. Üben Sie täglich mindestens 20 bis 30 Minuten und zwar so intensiv, dass Ihr Puls leicht ansteigt.

## KALZIUMREICHE ERNÄHRUNG

Der wichtigste diätetische Ratschlag zur Osteoporosevorbeugung ist eine kalziumreiche Ernährung. Der menschliche Körper verliert täglich Kalzium über den Urin, den Stuhlgang und den Schweiß. Diesen Verlust müssen wir durch eine entsprechende Kalziumzufuhr über die Ernährung wieder ausgleichen. Dazu brauchen wir außerdem genügend Vitamin D und zusätzlich Östrogen. Der Knochenabbau, der in Osteoporose enden kann, beginnt lange vor den ersten Frakturen. Wenn Sie nicht rechtzeitig mit der Vorsorge beginnen, verschlechtern sich Ihre Heilungschancen dramatisch. Mit anderen Worten, um Osteoporose zu verhindern, braucht Ihr Körper: Kalzium für die Knochenmasse, Vitamin D für die Resorption des Minerals aus dem Blut und Östrogen, um das Kalzium im Knochen zu halten. Eine Auflistung guter Lebensmittelquellen von Vitamin D und Kalzium finden Sie auf Seite 36 und 37.

# BRUSTKREBS

Brustkrebs ist die häufigste Krebsart bei Frauen und die Haupttodesursache bei Frauen zwischen 35 und 50. In Deutschland erkrankt mittlerweile fast jede 10. Frau an Brustkrebs – Tendenz steigend! Trotz der großen technischen Fortschritte in der Behandlung des Mammakarzinoms konnte die Sterberate in diesem Jahrhundert nur unwesentlich gesenkt werden. Wir wissen jedoch, dass sich die Heilungschancen nach dem Zeitpunkt der Erkennung richten. Je früher ein Brustkrebs erkannt wird, desto besser die Heilungschancen.

Obgleich die Medizin über kein dem PAP-Abstrich (siehe S. 66 – 67) vergleichbares Instrument verfügt, präkanzeröse Veränderungen der Brust festzustellen, gibt es allerdings die Röntgenmethode, die Mammographie (siehe S. 64). Die Mammographie entdeckt auch die kleinsten Gewebeveränderungen, die man manuell nicht ertasten kann. Trotzdem kann durch ein regelmäßiges Abtasten, am besten durch die monatliche Selbstuntersuchung, eine frühzeitige Erkennung erfolgen (siehe S. 63).

## SYMPTOME

Kleine Tumore werden nicht selten bei der monatlichen Selbstuntersuchung entdeckt. Sie sitzen meist in der oberen Hälfte der Brust oder an den Seiten und sind eher spürbar als sichtbar. Die Tumore schmerzen selten. Anzeichen für eine Veränderung sind Absonderungen aus den Brustwarzen, plötzlich eingezogene Brustwarzen, Schwellungen und vor allem Veränderungen der Größe und des Umfangs der Brust, sowie Knoten in den Achseln oder entlang des Schlüsselbeins; auch eine runzlige oder gekräuselte Haut muss untersucht werden (siehe S. 78).

## THERAPIE

Radikale Therapien, wie die partielle oder gar totale Mastektomie, die Entfernung der Brust, erhöhen nicht unbedingt die Überlebensrate. Deshalb empfehlen zahlreiche Chirurgen eine Lumpektomie, die lokal eng begrenzte Herausnahme des Karzinoms, verbunden mit einer anschließenden Strahlen- oder Chemotherapie.

In manchen Kliniken erhalten Frauen vor einem chirurgischen Eingriff ein Formular, das den Arzt ermächtigt, auch eine weitergehende Operation zur Behandlung auszuführen. Denken Sie sehr sorgfältig darüber nach – Sie sollten immer ein aktiver Partner in allen Entscheidungen bezüglich Ihrer Gesundheit sein. Gibt es Anzeichen dafür, dass der Tumor sich in die Achseln

## RISIKOFAKTOREN

***Bestimmte Ernährungsgewohnheiten deuten auf ein überdurchschnittliches Brustkrebsrisiko hin. Das gilt vor allem für einen hohen Anteil an tierischen Fetten und Eiweiß, gesättigten Fettsäuren und Milchprodukten. Andere Risikofaktoren sind unten aufgeführt.***

***Mittleres bis hohes Risiko:***

- *Familiäre Belastung, besonders wenn nahe Verwandte an Brustkrebs erkrankt sind (Mutter oder Schwester).*
- *Früher Menstruationsbeginn, späte Menopause.*
- *Alter über 40 Jahre.*
- *Geburten später als im Durchschnitt.*
- *Weiße Hautfarbe.*
- *Übergewicht oder hoher Anteil tierischer Fette in der Nahrung.*

***Geringes Risiko***

- *Mehrere Kinder.*
- *Stillen.*
- *Später Menstruationsbeginn, frühe Menopause.*

*Bis vor kurzem galten auch Frauen, die die „Pille" eingenommen hatten, als besonders krebsgefährdet im Vergleich zu jenen Frauen, die keine eingenommen hatten. Neuere Untersuchungen hingegen bestätigen keinen Zusammenhang.*

## BRUSTKREBS-DIAGNOSE

***Die meisten Ärzte überweisen Frauen mit Knoten in der Brust zur weiteren Diagnose ins Krankenhaus, wo weitere Tests durchgeführt werden.***

*Wenn Sie eine Zyste haben, wird die Flüssigkeit entnommen und untersucht, so dass eine klare Aussage getroffen werden kann. Das Verfahren der sogenannten Nadelbiopsie, bei der mittels einer Nadel Gewebe oder Flüssigkeit entnommen wird, erfolgt unter lokaler Betäubung und ist schmerzlos. Bei circa 85 Prozent aller bösartigen Tumore genügt die Nadelbiopsie zur Diagnose.*

*Ist der Knoten klein und liegt dicht unter der Haut, ist es möglich, ihn ambulant zu entfernen. Der Knoten wird mit etwas umgebendem Gewebe herausgenommen und ins Labor geschickt. Wenn Krebs festgestellt wird, folgen Blutuntersuchungen, Röntgenaufnahmen und Knochentests, um über die weitere Therapie zu entscheiden.*

ausgebreitet hat, wird eine größere Operation nötig, um ein weiters Ausbreiten einzudämmen. Erweist sich der Tumor als hormonabhängig, so kann ein Anti-Östrogen verschrieben werden.

Tamoxifen ist ein Medikament, das in Therapien bestimmter Krebsarten angewandt wird. Es blockiert die Östrogenrezeptoren in der Brust und hat geringere Nebenwirkungen als andere Krebsmittel. Dazu gehören jedoch Hitzewallungen, Übelkeit, Erbrechen, Wassereinlagerungen und Schwellungen der Knöchel sowie unregelmäßige Blutungen. Frauen mit hohem Risiko aufgrund familiärer Belastung, können zur Vorbeugung gegebenenfalls geringe Tamoxifengaben erhalten.

## BRUSTKREBS UND HET

Eine HET bei Frauen mit früherem oder bestehendem Brustkrebs oder auch anderen Krebserkrankungen, ist kontrovers. Obwohl viele Ärzte eine Krebserkrankung als Gegenanzeige für eine HET betrachten (siehe S. 58), entscheiden sich einige dennoch dafür. Ich halte eine HET gemäß aktueller Forschung bei manchen Fällen für angebracht, jedoch muss das der Arzt mit Ihnen zusammen im Einzelfall entscheiden.

## PROGNOSE

Werden sehr kleine Tumore frühzeitig entdeckt, sind die Heilungschancen groß. Alle Brustkrebspatientinnen müssen sich regelmäßigen medizinischen Kontrollen unterziehen, um eine mögliche Wiederkehr des Krebses abzuklären oder die Ausbreitung im Körper zu entdecken. Die Selbstuntersuchung der Brust sowie die jährliche Mammographie sind von größter Wichtigkeit. Selbst wenn der Krebs zurückkehren sollte, kann er für viele Jahre mit Medikamenten, Strahlentherapie und chirurgischen Eingriffen unter Kontrolle gehalten werden.

**Vergleich der Sterberaten verschiedener Krebsarten**
Nach der Menopause wächst die Anfälligkeit für Krebserkrankungen. Brustkrebs ist die häufigste Krebsart bei Frauen.

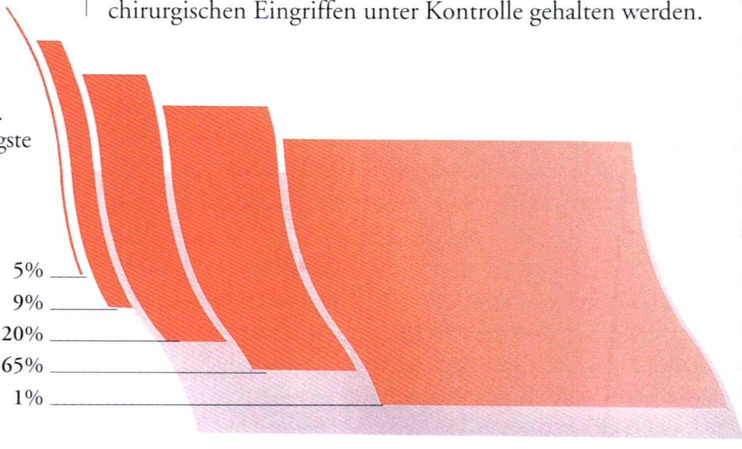

EIERSTOCKKREBS 5%
DARMKREBS 9%
BRUSTKREBS 20%
ANDERE KREBSARTEN 65%
GEBÄRMUTTERKREBS 1%

# Die Gebärmutter und die Eierstöcke

Es gehört einfach zu einer guten Gesundheitsfürsorge dazu, dass wir unsere weiblichen Organe regelmäßig untersuchen lassen – so auch zum Zeitpunkt der Menopause, wenn die Hormone, die sie gesund erhalten, nachlassen.

## Eierstockkrebs

Bösartige Erkrankungen der Eierstöcke, Ovarialkarzinome, treten meist nach dem 50. Lebensjahr auf. Kinderlose Frauen haben gegenüber dem Durchschnitt ein dreifach erhöhtes Risiko, an Eierstockkrebs zu erkranken. Dagegen scheint die Einnahme der Pille vor Ovarialkarzinomen zu schützen. Eierstockkrebs ist nach Brust-, Lungen-, Darm- und Magenkrebs die fünfthäufigste Todesursache bei Frauen.

### Diagnose

Um festzustellen, ob der Tumor gut- oder bösartig ist, machen die Ärzte meist eine Laparoskopie, eine Bauchspiegelung. Das ist eine Inspektion der Bauchhöhle mittels einer kleinen „Sichtröhre“ (Laparoskop), die unter Vollnarkose unterhalb des Nabels in den Bauchraum geführt wird. Bei großen Tumoren wird ab und an auch eine größere Operation zur Diagnose notwendig.

## Gebärmutterkrebs

Im Gegensatz zu Gebärmutterhalskrebs, der insbesondere jüngere Frauen betrifft (siehe S. 66–67), ist der Gebärmutter- oder Endometriumkrebs eher eine Erkrankung älterer Frauen. Drei Viertel aller hiervon betroffenen Patientinnen sind über 50, nur sehr wenige unter 40. Zwischen dem 55. und 65. Lebensjahr verdoppelt sich die Erkrankungshäufigkeit. Dieser Trend wird mit zunehmendem Alter der Gesamtbevölkerung anhalten. Obwohl es sich bei Gebärmutterkrebs um die drittgrößte Todesursache unter den Krebsarten der reproduzierenden weiblichen Organe handelt, sind seine Heilungschancen sehr viel höher als beim Eierstockkrebs.

### Symptome

Die häufigsten Frühsymptome für einen Gebärmutterkrebs sind ungewöhnliche Vaginalblutungen, besonders postmenopausal. Vor der Menopause können etwas außergewöhnliche Blutungen wie Zwischenblutungen, Schmierblutungen, starke und verlän-

### Therapie

***Alle Tumore werden chirurgisch entfernt und die Zellen werden mikroskopisch auf bösartige Veränderungen hin untersucht.***

*Hat sich das Karzinom schon weiter ausgebreitet, müssen oft auch der Eierstock, der Eileiter, Teile des Darms und die Gebärmutter entfernt werden. Anschließend folgt fast immer eine Strahlen- und Chemotherapie.*

### Prognose

***Beschränkt sich das Karzinom auf den Eierstock, überleben etwa zwei Drittel der Patientinnen die folgenden fünf Jahre.***

*Hat der Krebs hingegen schon andere Organe befallen, überlebt nur ein Fünftel der Frauen die folgenden fünf Jahre. Zwar haben neue Operationsverfahren und Medikamente zur Früherkennung und Behandlung von Eierstockkrebs die Überlebenszeiten erhöht, das beste Instrument der Früherkennung bleibt jedoch die einmal jährlich durchgeführte gynäkologische Kontrolluntersuchung.*

## RISIKOFAKTOREN GEBÄRMUTTERKREBS

***Ein Gebärmutterkrebs tritt gehäuft bei kinderlosen Frauen und Frauen mit einer geringen Fruchtbarkeit auf.***

*Ferner besteht der Verdacht, dass zwischen reinen Östrogenersatztherapien und Gebärmutterkrebs ein Zusammenhang besteht (siehe S. 47). Die moderne HET besteht jedoch aus einer kombinierten Gabe von Östrogen und Progesteron, die möglicherweise sogar vor Gebärmutterkrebs schützt.*

*Das Risiko wird durch Übergewicht (Erhöhung des Östrogenspiegels im Blut), familiäre Belastung, Bluthochdruck, Diabetes mellitus, Myome sowie Menstruationsstörungen mit langen Zyklen erhöht.*

## THERAPIE

***Eine totale Hysterektomie mit dem Entfernen der Eileiter, der Eierstöcke sowie der Gebärmutter ist die übliche Therapie.***

*In fast allen Teilen der Welt hat dieses Verfahren, in Einzelfällen kombiniert mit einer Strahlentherapie vor und nach dem Eingriff, die Heilungschancen deutlich verbessert.*

*Die allgemeine Heilungsrate liegt bei 90 Prozent, wenn der Krebs im Endometrium begrenzt ist und sich nicht schon weiter verbreitet hat.*

gerte Blutungen sowie Blutungen nach dem Geschlechtsverkehr Symptome sein, die stets ärztlich abgeklärt werden müssen. Hat sich der Krebs schon ausgebreitet, kann es zu Menstruationskrämpfen und einem geschwollenen Unterleib mit großen Druckgefühl kommen. Die Symptome der Blase äußern sich in ständigem und heftigen Harndrang

# HYSTEREKTOMIE

Unter einer Hysterektomie versteht man die chirurgische Entfernung der Gebärmutter und eventuell anderer Fortpflanzungsorgane. In der westlichen Welt ist dies eine der häufigsten gynäkologischen Operationen; die Zahl wird nur noch von der Anzahl der Dammschnitte unter der Geburt übertroffen. Sie sollten in jedem Fall die Begründungen Ihres Arztes für eine solche Operation hinterfragen.

## INDIKATIONEN FÜR EINE HYSTEREKTOMIE

- Krebserkrankungen von Vagina, Gebärmutterhals, Gebärmutter, Eileiter und Eierstöcken.
- Schwere, unbeherrschbare Unterleibsinfektionen.
- Unstillbare Blutungen.
- Lebensbedrohliche Erkrankungen der Nachbarorgane der Gebärmutter, die technisch nicht ohne Entfernung der Gebärmutter behandelt werden können.
- Schwere und sehr schmerzhafte Endometriose.
- Große und zahlreiche Myome.
- Verletzungen der Gebärmutter während der Kindsgeburt, die ernsthaft genug sind, um eine Beeinträchtigung der Blasen- und Darmfunktion auslösen zu können.
- Extrem starke Menstruationsblutungen, die auf keine Behandlung ansprechen und zu schwerer Anämie, Blutarmut, führen.

Neben diesen sehr beeinträchtigenden Indikationen gibt es auch zahlreiche Nebenwirkungen der Hysterektomie, über die wenig veröffentlicht wird und daher auch nur wenig bekannt ist. Ein Nachteil ist der Verlust der Libido, selbst wenn die Eierstöcke noch intakt sind. Auch eine HET kann bei Verlust der Libido hier nicht helfen. Eine HET vermindert zwar die Trockenheit der Vagina wie auch die Schmerzen beim Sexualverkehr, regt hingegen die Libido nicht an.

Untersuchungen aus Skandinavien weisen darauf hin, dass die sexuelle Aktivität größer ist, wenn der Gebärmutterhals nicht entfernt wird. Die Frauen, denen im Verlauf einer Total-

Hysterektomie auch der Gebärmutterhals entfernt wurde, berichten von nachlassender Orgasmusfähigkeit; nur in einem von vier Malen erleben sie einen Orgasmus. Das liegt aller Wahrscheinlichkeit daran, das der Gebärmutterhals zahlreiche Nerven besitzt, die sexuell erregbar sind und zum Erleben des Orgasmus beitragen.

Auch die Eierstöcke sind für die Libido wichtig, da sie männliche Hormone produzieren, die für die sexuelle Lust nötig sind. Wenn die Eierstöcke entfernt werden, verliert die Frau in der Folge auch die Androgene als sexuelles Stimulans. Beginnt man nach der Operation jedoch eine Testosterontherapie, erleben manche Frauen die Rückkehr ihrer sexuellen Lust.

Es gibt zahlreiche Gründe, weshalb eine Frau ihre Eierstöcke behalten sollte: Die Eierstöcke sind der Hauptproduzent von Östrogen, und das Absinken des Östrogenspiegels erhöht das Herz-Kreislaufrisiko wie auch die Gefahr, an Osteoporose zu erkranken (siehe S. 70).

All dies sind zwingende Gründe, eine mögliche Entfernung der Fortpflanzungsorgane genauestens mit Ihrem Arzt durchzusprechen. Treffen Sie keine Entscheidung, bevor Sie nicht alles genau diskutiert haben, und bewahren Sie sich das Recht, die endgültige Entscheidung selbst zu treffen. Ihr Partner wird Sie sicherlich unterstützen. Binden Sie ihn deshalb in alle Überlegungen mit ein.

## PROGNOSE

Viele Frauen glauben, nach einer Hysterektomie an Gewicht zuzunehmen. Glücklicherweise ist das ein Märchen. Eine abwechslungsreiche, ausgewogene Diät mit viel frischem Gemüse und Obst, Fisch sowie Geflügel wird Ihnen Kraft und Energie geben, ein körperliches Training zu beginnen, um die schlaffen Muskeln zu reaktivieren.

Einige Frauen reagieren auch mit seelischen Beschwerden auf eine Hysterektomie. Die folgende Liste wurde aus mehreren Statistiken zusammengestellt:

- Frauen, denen die Eierstöcke entfernt wurden, machen die Operation für Hitzewallungen, den Verlust der Antriebskraft und andere menopausale Beschwerden verantwortlich.
- Innerhalb der ersten drei Jahre nach einer Hysterektomie ist das Risiko, an einer Depression zu erkranken, um das Vierfache erhöht.
- Depressionen nach einer Hysterektomie dauern doppelt so lange wie andere Depressionen – im Durchschnitt etwa zwei Jahre.

## EINE HYSTEREKTOMIE – WARUM?

***Eine Hysterektomie sollte eher zu den seltenen Operationen gehören. Tatsächlich jedoch haben mehr als 30 Prozent aller Amerikanerinnen über 50 keine Gebärmutter mehr – oft aus nichtigen Gründen.***

*Kleine Myome beispielsweise erfordern keineswegs einen solch radikalen Eingriff. Es gibt sogar Ärzte, die routinemäßig zu einer Hysterektomie raten, wenn die fruchtbaren Jahre vorbei sind oder kein Kinderwunsch mehr besteht. Sie argumentieren, dass eine Hysterektomie das Krebsrisiko senke. Glücklicherweise denken nicht alle Ärzte so.*

*Sie sollten sicher gehen, dass Sie und Ihr Partner gut informiert sind über die Konsequenzen einer Hysterektomie. Sie sollten alle Zweifel ausräumen können, bevor Sie sich zu einem solchen unwiderruflichen Schritt entscheiden. Vergessen Sie nicht – Sie allein entscheiden, ob Sie den Rest Ihres Lebens ohne Gebärmutter verbringen wollen.*

*Die meisten Erkrankungen lassen sich auch ohne Operation behandeln und heilen. Ich persönlich würde mich niemals einer Hysterektomie unterziehen, ohne eine zweite Meinung eingeholt zu haben – egal wie die Argumente lauten.*

*Wenn im Zuge der Operation auch Ihre Eierstöcke entfernt werden, verspüren Sie hinterher menopausale Symptome. Diese können und sollten mit einer Langzeit-HET behandelt werden.*

## MYOME THERAPIE

***Kleine Myome, die oftmals erst bei einer Routineuntersuchung entdeckt werden, erforden meist keine Therapie außer einer genauen Beobachtung.***

*Eine chirurgische Entfernung ist nur dann nötig, wenn sie starke Schmerzen und Blutungen verursachen. Eine Hysterektomie (siehe S. 80–82) wird allerdings nur in Betracht zu ziehen sein, wenn die Myome sehr zahlreich oder groß sind.*

*Mit Myomektomie wird das Herausschälen der Myome aus ihrer Verkapselung beschrieben. Diese Methode erhält den Uterus und ist eine echte Alternative zur Hysterektomie.*

*Myome stellen nicht notwendigerweise eine Gegenanzeige für eine HET dar, wenn andere Beschwerden wie Hitzewallungen gut damit behandelt werden. Jedoch wird Ihr Arzt in diesem Fall auf regelmäßigen gynäkologischen Untersuchungen bestehen. Sowohl Uterus als auch Myom tendieren dazu, während der Menopause zu schrumpfen. Die zahlreichen Nutzen einer HET mit ihrem erhöhten Wohlbefinden, verbesserter sexueller Aktivität und guter Knochengesundheit müssen im Einzelfall gegen die Beschwerden eines Myoms abgewogen werden.*

- Frauen suchen nach einer Hysterektomie fünfmal häufiger zum ersten Mal professionelle psychiatrische Hilfe auf als Frauen ohne Hysterektomie.
- Die Mehrzahl der Frauen, die nach einer Hysterektomie psychiatrische Hilfe suchen, leiden nicht an lebensbedrohlichen Zuständen. Das deutet darauf hin, dass Frauen, die ihre Hysterektomie für unnötig halten, in verstärktem Maße mit Depressionen reagieren.
- Die Unzufriedenheit mit den Folgeerscheinungen der Hysterektomie nimmt mit der Zeit zu.

# MYOME

Myome sind gutartige, langsam wachsende Tumore in oder an der Gebärmutterwand. Ihr Ursprung ist bisher ungeklärt. Frauen unter 20 Jahren haben nur selten Myome, aber bereits ein Fünftel aller Frauen zwischen 35 und 45, und bei den 80jährigen sind es rund ein Viertel.

Mit dem Herannahen der Menopause lässt die Progesteronproduktion nach; sie sinkt stärker als die Östrogenproduktion. Dieses Missverhältnis kann die Ursache für die zunehmende Zahl der Myome in den perimenopausalen Jahren sein. Durch das starke Absinken des Östrogenniveaus nach der Menopause schrumpfen die meisten Myome. Wenn Myome in den postmenopausalen Jahren wachsen, ist dies Grund zur Besorgnis, denn Myome können auch bösartig werden. HET-Präparate haben sich wegen der geringen Hormondosen im diesem Falle nicht als ausreichender Schutz erwiesen.

## SYMPTOME

Kleine Myome können ohne Beschwerden sein. Wenn ein Myom die Form oder Größe der Gebärmutter verändert, kann es heftige und lange Blutungen verursachen und schließlich zur Anämie führen. Große Myome können auch auf die Blase drücken und ein Unwohlsein beziehungsweise einen ständigen Harndrang auslösen. Drücken sie auf den Darm, kommt es zu Rückenschmerzen und Verstopfung. Gestielte Myome verdrehen sich gelegentlich, was plötzliche Unterleibsschmerzen verursacht.

## DIAGNOSE

Myome machen die Oberfläche der Gebärmutterwand uneben. Wenn der Arzt dies bei der manuellen Untersuchung feststellt, wird er eine Ultraschalluntersuchung anraten, um den Verdacht zu klären.

# ARTERIOSKLEROSE

Unter einer Arteriosklerose versteht die Medizin eine Verengung der Arterien durch fetthaltige Plaque (Ablagerungen), was zu einer Schwächung der Durchblutung und erhöhtem Blutdruck, der Hypertonie, führt. Die Plaque lagert sich nicht gleichmäßig an den Innenwänden der Blutgefäße ab, sondern bevorzugt Verzweigungen und Schnittstellen zweier Arterien.

Arteriosklerotische Verengungen nehmen mit dem Alter zu. Bei einer Ablösung der Plaque entstehen Verletzungen und Vernarbungen an den Arterienwänden, wodurch sich verstärkt Blutgerinnsel bilden können. Manchmal löst sich ein solches Blutgerinnsel, oder auch Thrombus genannt, von der Wand und wandert als Embolus durch die Blutgefäße, bis es in einer engeren Arterie stecken bleibt und dort die Durchblutung unterbricht beziehungsweise blockiert.

Die Arteriosklerose ist die Haupttodesursache in den westlichen Industrienationen, und arteriosklerotische Erkrankungen der Herzkranzgefäße stellen die häufigste tödliche Einzelerkrankung dar. Schlaganfälle infolge von Gehirnembolien stehen nach dem Krebs an dritter Stelle der Todesliste.

Auch eine Arteriosklerose in anderen Arterien kann schwere Organschäden bewirken, wie etwa im Bereich des Darms, der Nieren und der Beine. Vor der Menopause sind Frauen durch die Östrogenproduktion weitgehend vor Arteriosklerose geschützt. Nach der Menopause nimmt die Erkrankungshäufigkeit bei Frauen zu und nähert sich dem Niveau der Männer. Die Zahlenangaben, die ich hier nenne, beziehen sich, wenn nicht anders angegeben, nur auf Männer, da Herzkrankheiten bei Frauen bislang wenig untersucht wurden.

## SYMPTOME

Eine Arteriosklerose der Herzgefäße verläuft gewöhnlich über Jahre hinweg symptomlos. Wenn der Blutfluss behindert wird – meist nach einer Reihe von Jahren – treten Beschwerden wie Angina pectoris auf, die mit Schmerzen in der Brust einhergehen. Ein weiteres Symptom ist die so genannte Schaufensterkrankheit, Claudicatio intermittens, die sich durch plötzliche stechende Schmerzen in den Beinen bemerkbar macht und die Menschen zum Stehenbleiben zwingt. Solche Verengungen sind auch im Bereich der Gehirnarterien möglich und verursachen vorübergehende Schlaganfallsymptome wie Schwindel und Ohnmachtsanfälle. Auch Nierenversagen kann auftreten, wenn die Nierenarterie verengt ist.

## RISIKOFAKTOREN

***Als Risikofaktoren gelten allgemein Übergewicht, Rauchen, Bluthochdruck, Bewegungsmangel, Peri- und Post-Menopause, hohe Cholesterinwerte, schlecht eingestellter Diabetes und eine familiäre Belastung durch Arteriosklerose.***

*Als ein weiterer Risikofaktor gilt die Zugehörigkeit zur Persönlichkeitsgruppe Typ A, die durch Aggressivität und Konkurrenzdenken gekennzeichnet ist.*

*Das Auftreten der Arteriosklerose bei Frauen nimmt mit dem Alter zu. In der Altersgruppe der 35- bis 44jährigen sterben sechsmal mehr Männer als Frauen an der koronaren Herzkrankheit. In der Altersgruppe der 55- bis 70jährigen sind die Todesraten bei Männern und Frauen fast identisch. Der Hauptgrund dafür ist das Absinken der Östrogenproduktion bei Frauen während der Menopause.*

*Frauen mit starker prä-menopausaler Körperbehaarung haben ein leicht erhöhtes Risiko, an Herzproblemen zu erkranken, da ihr Körper stets mehr Testosteron produziert als bei anderen Frauen. Sie sollten daher besonders auf Herzrisikofaktoren achten, wie zum Beispiel Rauchen, einseitige Ernährung und Stress. In manchen Einzelfällen kann sich auch – in Absprache mit dem Arzt – eine HET zum Ausgleich des hohen Testosteronspiegels empfehlen.*

## OPERATIVE EINGRIFFE

***Patienten, die auf die beschriebenen Therapien nicht ansprechen oder denen Komplikationen drohen, brauchen vielleicht einen operativen Eingriff.***

*An erster Stelle der Methoden steht hier die so genannte Ballondilatation, mit der die verengten Gefäße geöffnet und die Durchblutung wieder hergestellt werden. Eine Bypassoperation im Falle von koronaren Erkrankungen wird notwendig, um die verengten Herzkranzgefäße durch einen Bypass aus der Wadenvene der Patienten oder aus Kunststoff zu überbrücken.*

## DIAGNOSE UND THERAPIE

Die häufigste Diagnosemethode ist die Angiographie. Dazu wird den Patienten ein schwach radioaktives Kontrastmittel direkt in die Arterien injiziert, das auf dem Röntgenbild verengte Bereiche sichtbar macht. Auch die Messung des Pulses mittels Doppler-Ultraschall oder Plethysmographie ermöglicht eine sichere Diagnose.

Die medikamentöse Behandlung der Arteriosklerose ist nicht einfach, da bei erstmaliger Diagnose der Erkrankung die Schäden an den Blutgefäßen in der Regel bereits weit vorangeschritten sind. Antikoagulanzien, sprich Gerinnungshemmer, verhindern die Bildung von Blutgerinnseln und Embolien, aber auch sie können die Arteriosklerose nicht beseitigen. So genannte Vasodilatatoren helfen, die Gefäße zu öffnen und die Beschwerden zu lindern.

## VORBEUGUNG

Die beste Therapie ist auch hier die Vorbeugung durch Minimierung der Risiken, die schon in jungen Jahren beginnen sollte: Mit dem Rauchen aufhören, den Blutdruck regelmäßig überprüfen und eventuellen Hochdruck behandeln lassen. Ganz wichtig sind eine gesunde cholesterinarme Ernährung ohne gesättigte Fettsäuren und natürlich viel Bewegung. Diabetikerinnen sollten ihre Diät streng einhalten und die Einstellung des Diabetes (siehe S. 90–91) regelmäßig kontrollieren lassen.

Auch eine HET kann das Herzrisiko senken, da das Östrogen vorteilhafte Wirkungen auf die Fettablagerung im Blut, die Gerinnung des Blutes, den Blutzucker und den Insulinspiegel sowie den Blutdruck hat. Frauen mit HET haben nur ein halb so hohes Risiko wie Frauen ohne HET. So wurden bei HET-Anwenderinnen höhere HDL-Werte („gesundes" Cholesterin) und geringere LDL-Werte („gefährliches" Cholesterin) gemessen.

Neuere Studien haben berichtet, dass Frauen, die eine kombinierte HET aus Östrogen und Progesteron einnahmen, geringere und damit gesündere Blutzucker- und Insulinwerte als Nichtanwenderinnen zeigten. Obwohl der Bluthochdruck manchmal als Gegenanzeige für eine HET genannt wird, ergaben Untersuchungen aus den 1990er Jahren keinen Anstieg der Blutdruckwerte bei HET-Anwenderinnen.

Auch der Fibrinogenspiegel (Fibrinogen ist ein Gerinnungsfaktor im Blut) ist bei HET-Anwenderinnen geringer, ihr Blut ist dünner. Das bedeutet geringere Embolie- und damit Herzinfarkt- und Schlaganfallgefahr.

# UROGENITALE PROBLEME

Kaum eine Frau jenseits der Menopause verspürt keine Beschwerden, denn Östrogen ist grundlegend an der Gesundheit der Blase und des Harnleiters beteiligt. Lokal anzuwendende Cremes verschaffen Linderung.

## DER UROGENITALE ALTERUNGSPROZESS

Im Bereich der Genitalien, der unteren Harnwege und der Blase finden sich unzählige Östrogenrezeptoren, so dass Beschwerden in diesen Bereichen als ein Komplex gemeinsam behandelt werden können. Bei guter Östrogenversorgung ist das Urogenitalgewebe gesund und bestens gegen Infektionen geschützt. Sinkt die Östrogenproduktion, können die Rezeptoren nicht mehr genug von diesem Hormon binden, um das Gewebe gesund zu erhalten. Es kommt zu einer Atrophie, das Gewebe trocknet aus und wird dünner, die Infektionsanfälligkeit steigt.

### SYMPTOME

Die Anzeichen für eine Atrophie des Genitalgewebes sind Trockenheit und Juckreiz der Vagina und Vulva, was zu Schmerzen beim Sexualverkehr führen kann. Hinzu kommen oft ein starker, ständiger Harndrang sowie Inkontinenz. Die Kombination dieser Beschwerden ist der häufigste Grund, warum Frauen über 55 Jahren ihren Gynäkologen aufsuchen.

## ZYSTITIS

Auch Blasenentzündungen können eine typische Folge von Östrogenmangel sein. Frauen sind ohnehin aufgrund ihrer kürzeren Harnröhre, der Verbindung zwischen Blase und Körperausgang, anfälliger für diese Infektion als Männer. Fast alle Infektionen der Blase werden von Bakterien verursacht, die über die Harnröhre aufsteigen und die Harnröhreninnenwand sowie die Blase entzünden. Bei den ersten Anzeichen einer solchen Infektion sollten Sie diese behandeln lassen; kehren solche Entzündungen wieder, werden sie oftmals chronisch und sind dann umso schwerer zu behandeln.

### SYMPTOME

Nur Frauen, die schon einmal eine Blasenentzündung hatten, wissen, wie unangenehm die folgenden Beschwerden sein können:

• Ständiger, dringender Harndrang, doch nur kleine Mengen Urins werden ausgeschieden, gekoppelt mit unwillkürlichem

## DIAGNOSE UND THERAPIE

***Eine Prüfung des Blasendrucks wird zeigen, ob sich der Blasenmuskel spontan zusammenzieht und dadurch Harntröpfeln oder auch gelegentlich Inkontinenz verursacht.***

*Ein Abstrich wird zeigen, ob eine vaginale Atrophie vorliegt mit einhergehendem Verlust des schützenden sauren Vaginalschleims.*

*Die erste Therapie sollte eine Östrogentherapie sein. Untersuchungen heben bewiesen, dass östrogenhaltige Salben von der Vagina bis in die Harnwege und die Blase gelangen und die Beschwerden innerhalb von Tagen zum Verschwinden bringen. Östrogenpessare und -ringe sind nahezu 100 Prozent wirksam; auch HET-Hautpflaster (siehe S. 56) und Tabletten beseitigen die Symptome.*

## ZYSTITIS SELBSTHILFE

***Gleich zu Beginn einer Attacke sollten Sie viel Wasser oder verdünnte Fruchtsäfte trinken.***

*Von E.-coli-Bakterien ausgelöste Infektionen sind die Hauptursache einer Zystitis. E.-coli-Bakterien können in alkalischem Urin nicht überleben. Um Ihren Urin alkalisch zu machen, empfiehlt es sich, dreimal im Abstand von fünf Stunden einen Teelöffel Natriumbikarbonat (Kaisernatron) in Wasser aufgelöst zu trinken. Aspirin und eine heiße Wärmflasche lindern die Schmerzen.*

*Nach jedem Wasserlassen sollten Sie auf penible Hygiene achten. Waschen Sie sich vorher und nachher die Hände. Sie sollten auch den Damm mit einem feuchten Wattebausch einmal von vorne nach hinten reinigen und trocknen. Vermeiden Sie Seife, da sie die Haut austrocknet, das Säure-Basen-Milieu stört und damit die Haut anfällig macht. Tupfen Sie beim Waschen und Abtrocknen, reiben Sie nicht zu stark.*

*Wurde Ihre Zystitis durch den Geschlechtsverkehr hervorgerufen, so sollten Sie vielleicht auf Sex verzichten, bis die Entzündung abgeklungen ist. Oder reduzieren Sie die Reibung durch Gleitmittel und finden Sie eine bequemere Stellung heraus. Zusätzlich sollten Sie nach dem Sex Urin lassen und sich gründlich waschen.*

Harntröpfeln. Die Reizbarkeit der Blase ist die Folge der Entzündung des Blaseninnengewebes. Schon einige Tropfen Urin veranlassen die Blasenmuskulatur zur Kontraktion.

• Starke, brennende Schmerzen beim Wasserlassen, entweder zu Beginn des Urinflusses, während des Urinierens oder am Ende, wenn der Muskel per Kontraktion die letzten Tropfen aus der Blase herauspresst.

• Ein ziehender Schmerz im Unterbauch, der bis in den Rücken ausstrahlen kann. ( Starke Rückenschmerzen können auch ein Anzeichen einer Nierenentzündung sein und erfordern sofortige ärztliche Hilfe.)

• Blut im Urin – deutlich sichtbare rote Streifen oder einfach eine schwach rosa Färbung des Urins – zeigen eine schwere Entzündung des Innengewebes der Blase an.

### DIAGNOSE UND THERAPIE

Ihr Arzt wird Sie um eine Urinprobe zur Analyse bitten; er wird eine Kultur anlegen, um genauen Aufschluss über das spezifische Bakterium zu erhalten, das die Symptome verursacht. Das wird ihn oder sie in die Lage versetzen, das richtige Antibiotikum herauszusuchen und zu verschreiben.

Suchen Sie Ihren Arzt so schnell wie möglich auf und bringen Sie am besten gleich eine Urinprobe in einem sauberen Gefäß mit. Sie werden ein Antibiotikum brauchen, das Sie über die gesamte Verordnungszeit einnehmen müssen, selbst wenn die Symptome nach 36 Stunden schon verschwunden sein sollten. Im Falle einer milden Zystitis nehmen Sie es fünf Tage lang, in einem schweren Fall zwischen sieben und neun Tagen. Bei bereits chronischen Entzündungen kann die Therapie über einen Zeitraum von zwischen drei und sechs Wochen andauern.

Östrogenhaltige Salben, die mittels eines Applikators in die Scheide eingeführt werden, sind ein sehr guter Schutz. Das Östrogen steigt durch die Scheide in die Harnröhre auf, wo die Östrogenrezeptoren die Innenwand der Harnröhre stärken und gegen Infektionen resistent machen.

## VAGINALER JUCKREIZ

Der Juckreiz der Vagina, medizinisch Pruritus vulvae genannt, ist ein symptomatisches Anzeichen für Östrogenmangel. Chronischer Juckreiz verschlimmert sich nachts und bei heißem Klima. Diabetes, vaginale Hefepilz-Infektionen und Harnwegsinfektionen können Ursachen dieses Juckreizes sein. Der Juckreiz kann allerdings auch psychogener Natur sein. Wiederholtes

Reiben und Kratzen kann als angenehm empfunden werden und führen manchmal bis zum Orgasmus. Gelegentlich kann es zu starkem Wundsein und Schwellungen der Haut im Vaginalbereich kommen.

### THERAPIE

Vaginaler Juckreiz spricht gut auf eine lokale Östrogenbehandlung mit einer entsprechenden Salbe an. Auch vom Arzt verordnete spezielle Feuchtigkeitscremes können helfen – wenden Sie sie wie vorgeschrieben an. Bei schwerem Juckreiz wird Ihnen der Arzt eine milde kortisonhaltige Creme verschreiben. Wenn eine Entzündung vermutet wird, können solche Cremes einen Antibiotikumzusatz enthalten. Östrogenhaltige Pessare können unter Umständen ebenfalls helfen.

Zeigt sich während der Behandlung keine deutliche Besserung des Juckreizes, wird der Arzt Sie an einen dermatologischen Spezialisten überweisen.

## INKONTINENZ

Zur Inkontinenz kommt es, wenn der Sphinktermuskel am Blasenausgang erschlafft oder die Blasenmuskulatur überaktiv ist, so dass die Kontrolle über die Blase nachlässt oder ganz schwindet. Obwohl Inkontinenz nicht lebensbedrohlich ist, so kann sie doch sehr beeinträchtigend und unangenehm bis peinlich sein. Manche Frauen verlassen deshalb kaum noch das Haus. Wenn der Östrogenspiegel sinkt, wird der Sphinktermuskel schlaff und erlaubt das unwillkürliche Harnlassen. Östrogen kann helfen, die Spannkraft des Sphinktermuskels wieder zu erhöhen.

Andere unter Umständen mögliche Ursachen sind eine Reizblase, Diabetes mellitus und lokale Infektionen wie eine Zystitis (siehe S. 85–86). In der Medizin unterscheidet man drei Typen der Inkontinenz:

- Stress-Inkontinenz, die durch Druck auf die Bauchmuskulatur beim Lachen, Husten, Niesen oder Heben schwerer Gegenstände ausgelöst wird.
- Drang-Inkontinenz, eine Folge des zu langen Einhaltens des Urins. Irgendwann ist die Blase zu voll und beginnt sich tröpfchenweise zu entleeren. Dies geschieht vor allem bei plötzlichem Wechsel der Position, etwa wenn eine Frau aus dem Sitzen aufsteht.
- Die dritte Inkontinenzform ist eine Kombination aus den vorherigen Formen. Hier liegen meist auch Blasenfunktionsstörungen vor.

### VAGINALER JUCKREIZ SELBSTHILFE

***Sie können verhindern, dass der Juckreiz stärker wird, indem Sie versuchen, nicht mehr zu kratzen.***

*Wenn die Beschwerden länger als zwei Tage anhalten, sollten Sie Ihren Arzt aufsuchen, sonst kann ein Teufelskreis von Juckreiz – Kratzen – Juckreiz entstehen. Achten Sie besonders auf normale Hygiene; meiden Sie Seifen und Waschlotionen, da diese die Haut ihres Fettgehalts berauben und die Haut dadurch noch anfälliger machen.*

*Verwenden Sie nur kühles oder lauwarmes Wasser und tragen Sie nach jedem Waschen eine silikonhaltige Handcreme auf die betroffenen Stellen auf. Auch Eispackungen können die Beschwerden lindern. Verwenden Sie keine schmerzstillenden Salben und Sprays, da diese allergische Reaktionen auslösen können.*

## INKONTINENZ SELBSTHILFE

***Leichte Inkontinenz ist oft die Folge einer schwachen Beckenbodenmuskulatur. Sie können die Kontrolle über Ihre Blase verbessern, wenn Sie die Kegel-Übungen, auch Beckenbodenübungen genannt, regelmäßig trainieren.***

*Diese Übungen bestehen aus regelmäßigem Anspannen und Entspannen der Muskeln im Urogenitalbereich (siehe auch S. 26). Wenn Sie an Drang-Inkontinenz leiden, sollten Sie Ihre Blase alle zwei Stunden entleeren und wassertreibende Getränke wie Tee und Kaffee meiden.*

*Hilfen für Inkontinenz-Patientinnen bietet der Sanitätsfachhandel: wasserdichte Betteinlagen, spezielle Slipeinlagen und Unterwäsche. Allerdings sollten Sie schon längst ärztlichen Rat eingeholt haben, bevor Sie zu diesen Maßnahmen greifen müssen. Wenn Sie beim Sport unter Stress-Inkontinenz leiden, sollten Sie vorher Ihre Blase entleeren. Unter Umständen kann auch ein während des Sports getragener Tampon helfen. In die Scheide eingeführt drückt er leicht auch auf die benachbarte Harnröhre und kann sie so etwas verengen und damit ihren Verschluss unterstützen.*

### THERAPIE

Manchmal reicht bereits eine östrogenhaltige Salbe aus, um eine Stress-Inkontinenz erfolgreich zu bekämpfen. Auch andere Darreichungsformen einer HET werden helfen; fragen Sie Ihren Arzt nach den Möglichkeiten. Eine Behandlung kann auch anticholinhaltige Mittel beinhalten, erfolgreich bei Reizblasen eingesetzt, eine Operation bei Stress-Inkontinenz oder auch ein Blasentraining.

## DER PROLAPS

Ein Prolaps, das „Vorfallen" von Beckenorganen, entsteht infolge einer schwachen Beckenbodenmuskulatur. Betroffen sind die Gebärmutter, die Blase, der Darm und die Harnröhre. Aufgrund des fortschreitenden Alters, mehrerer Geburten und dem Absinken des Östrogenspiegels werden die Muskeln der Gebärmutter schwächer und lassen in ihrer Kraft stetig nach. Die Schwerkraft spielt natürlich eine nicht unerhebliche Rolle. Ein Prolaps macht sich häufig bei einem erhöhten Druck auf die Bauchmuskulatur bemerkbar: etwa beim Niesen oder beim Stuhlgang.

### VIER PROLAPSTYPEN

**Gebärmuttersenkung** Die Ursache für eine Gebärmuttersenkung ist die Erschlaffung des stützenden Muskelgewebes wie auch der Bänder. Die Gebärmutter fällt aus der Bauchhöhle in die Vagina vor, was zu Reizungen der Scheide, leichten Rückenschmerzen und einem Gefühl des Nach-Unten-Ziehens führt. Auch sind Schmerzen beim Sex häufig; der Penis kann nicht mehr so tief in die Vagina eindringen.

Man unterschiedet drei Grade an Senkungen: Beim 1. Grad löst sich die Gebärmutter aus der Bauchhöhle und senkt sich in die Vagina; beim 2. Grad beginnt der Gebärmutterhals, sich aus der Vagina hervorzudrücken; beim 3. Grad drücken Zervix und Uterus sich bis außerhalb der Vagina vor – ein sehr unangenehmer und schmerzhafter Zustand.

Eine Gebärmuttersenkung ist sehr häufig die Spätfolge von Geburten, besonders wenn die Zervix oder die Beckenbodenmuskulatur dabei verletzt wurden. Doch auch das Heben schwerer Gewichte oder das Ausüben von Kraftsportarten kann einen Prolaps hervorrufen, ähnlich den Leistenbrüchen bei Männern. Weitere ungünstige Faktoren sind Übergewicht, Verstopfung und chronischer Husten, da sie alle den Druck im Bauchraum erhöhen und die Beckenbodenmuskulatur beständig strapazieren, mit der Folge, dass sie nachlässt. Dieser erhöhte Druck kann außerdem zu Stress-Inkontinenz führen, bei der geringe Mengen Urins beim Lachen, Niesen, Husten oder Heben abgehen.

**Senkung der Harnröhre** Bei diesem Prolapstyp sackt die Harnröhre in die Vorderwand der Scheide. Die permanente Reizung des Harnröhrengewebes führt zu ständigem Harndrang.

**Vorfall des Mastdarms** Beim Rektumprolaps sackt der Mastdarm in die Hinterwand der Vagina. Der Stuhlgang wird unangenehm und schmerzhaft. Manchmal ist der Stuhlgang nur möglich, wenn die Patientin einen Finger in ihre Scheide einführt, um die Darmwand zu stabilisieren.

**Blasensenkung** Die Blase sackt in die obere Vorderwand der Vagina und wird zumeist von weiteren Blasenbeschwerden begleitet, wie einer wiederkehrenden Zystitis (siehe S. 85–86). Manchmal senkt sich die Blase so stark, dass sie tiefer als der Harnröhrenausgang liegt, was das Entleeren der Blase besonders schwierig macht. Auch hier hilft nur das Einführen eines Fingers in die Scheide, um die vorgefallene Blase anzuheben.

## THERAPIE

In der Frühphase eines Prolaps kann eine HET helfen, das zur Atrophie neigende Gewebe zu stärken. Für ältere Frauen, deren Prolaps nicht sehr schwerwiegend ist und deren Gebrechlichkeit eine Vollnarkose verbieten, eignet sich ein Ring-Pessar. In der Scheide platziert, unterstützt der Ring die Zervix und den Uterus. Er sollte jedoch nicht über einen längeren Zeitraum getragen werden, da die ständige Reibung das dünner werdende Gewebe schädigen kann.

Ein chirurgischer Eingriff ist bei einem schwerwiegenden Prolaps nötig, wenn Gebärmutter und Gebärmutterhals sich aus der Scheidenöffnung herausdrücken. Eine Operation wird meist durch die Scheide durchgeführt und auf die Bedürfnisse der einzelnen Frau abgestimmt. Die Vorder- und Hinterwand der Gebärmutter können durch den Eingriff verbessert und die stützenden Bänder verkürzt werden. Sollte die Gebärmutter hingegen recht stark gesenkt sein, kann man sie ganz entfernen. Dies ist jedoch ein großer chirurgischer Eingriff, und die Entscheidung sollte genauestens mit dem Arzt besprochen werden. Wenn nötig, holen Sie sich auch hier wieder eine zweite Meinung ein (siehe Hysterektomie S. 80–82).

## PROLAPS SELBSTHILFE

***Diese einfachen Maßnahmen können Ihnen bereits helfen und sind es wert, ausprobiert zu werden.***

*Das Tragen einen Hüftgürtels kann das nach unten ziehende Gefühl mindern und einen Teil der Beschwerden lindern.*

*Rückenschmerzen, einem der häufigsten Sypmtome, sollte man durch wenig Stehen, eine gute Haltung und häufiges Hochlegen der Beine entgegenwirken.*

*Zur wirkungsvollen Vorbeugung gehören regelmäßige Beckenbodenübungen (siehe S. 26) und das Vermeiden von körperlicher Überanstrengung. Nehmen Sie an Gewicht ab und geben Sie das Rauchen auf, besonders wenn Sie häufig husten müssen. Essen Sie ballaststoffreiche Nahrung, Obst und Gemüse, um Ihren Stuhl weich zu halten (siehe S. 37–38).*

# ANDERE HORMONSTÖRUNGEN

Mit zunehmendem Alter altern auch unsere Hormondrüsen. Die Schilddrüsenfunktion lässt nach, und eine Form der Diabetes kann entstehen – beides ist gut zu behandeln.

## SCHILDDRÜSENUNTERFUNKTION

Eine Unterfunktion der Schilddrüse, Hypothyreose, wird durch die Entwicklung körpereigener Antikörper gegen die eigene Schilddrüse verursacht. Als Folge produziert die Schilddrüse nicht mehr genügend Hormone. Die Hashimoto-Thyreoditis ist eine Form dieser Unterfunktion. Seltener ist die Unterfunktion das Ergebnis einer Operation, bei der Teile der Schilddrüse entfernt wurden, oder eine Reaktion auf eine Therapie einer Schilddrüsenüberfunktion, Hyperthyreose genannt, mit radioaktivem Jod. Die Schilddrüsenunterfunktion kann in jedem Alter auftreten, ältere Frauen sind jedoch besonders betroffen. Etwa ein Prozent der erwachsenen Bevölkerung leidet an einer Schilddrüsenunterfunktion.

### SYMPTOME

Ein Mangel an Schilddrüsenhormonen verursacht allgemeine Müdigkeit und Antriebsschwäche, Muskelschwäche und eine Neigung zu Krämpfen, trockene und faltige Haut, Haarausfall, eine tiefe und heisere Stimme sowie Gewichtszunahme.

Das so genannte Myxödem kann sich entwickeln, bei dem die Haut und andere Körpergewebe verdicken. Nicht selten entsteht ein Kropf – allerdings werden nicht alle Kropfbildungen durch eine Hypothyreose verursacht. Die Ausprägung der Symptome hängt vom Schweregrad des Hormonmangels ab. Eine leichte Beeinträchtigung der Hormonproduktion verläuft oft symptomlos, eine schwere bewirkt die volle Bandbreite der Beschwerden.

## DIABETES MELLITUS

Auch Diabetes ist eine Hormonmangelerscheinung; es ist ein Mangel an dem Hormon Insulin. Patientinnen, deren Körper kein eigenes Insulin produziert und die von Insulininjektionen abhängig sind, leiden an dem so genannten Typ I. Beim Typ II Diabetes, der üblicherweise Frauen über 40 betrifft, wird zwar noch Insulin vom Körper produziert, jedoch nicht ausreichend. Dieser Typ entwickelt sich schleichend und wird manchmal nur bei routinemäßigen Gesundheitschecks entdeckt.

### SCHILDRÜSENUNTERFUNKTION THERAPIE

***Die Diagnose wird eindeutig durch einen Test, der den Schilddrüsenhormonspiegel im Blut misst. Die Behandlung besteht aus einer Ersatztherapie, bei der das Schilddrüsenhormon durch Thyroxin ersetzt wird.***

*In den meisten Fällen müssen die Thyroxin-Tabletten lebenslang eingenommen werden. Wenn dies nicht hilft, wird ein operatives Entfernen des Kropfes notwendig.*

### SYMPTOME VON DIABETES MELLITUS

***Einige Frauen können an einer leichten Form der Diabetes leiden, die unter Umständen beschwerdefrei ist. Ein solcher Zustand kann jedoch die folgenden Symptome nach sich ziehen:***

- *Sehstörungen in Folge von Schäden am Augenhintergrund.*
- *Übermäßiger Durst.*
- *Müdigkeit.*
- *Gewichtsverlust.*
- *Häufiger Harndrang.*
- *Vaginaler Juckreiz und Vaginalinfektionen.*
- *Kribbeln in den Händen und Füßen.*

Insulin, welches in der Bauchspeicheldrüse produziert wird, kontrolliert den Zuckerstoffwechsel. Fehlt Insulin, steigen die Blutzuckerwerte im Blut dramatisch an, der Körper scheidet den Zucker über den Urin aus, statt ihn in Energie umzuwandeln oder ihn zu speichern. Die Tatsache, dass dem Körper eine wichtige Energiequelle verloren geht, hat eine stark beeinträchtigende Wirkung auf den ganzen Körper. Die Symptome sind vielfältig: Müdigkeit, Gewichtsverlust, übermäßiger Durst, starker Harndrang, Sehstörungen sowie Juckreiz und Rötung des Vaginalbereichs.

## RISIKOFAKTOREN

Übergewicht wird mit Diabetes assoziiert. Wenn Sie übergewichtig sind und große Mengen an Kohlenhydraten zu sich nehmen, wird der Glukosegehalt Ihres Blutes hoch sein, und Ihre Bauchspeicheldrüse wird überfordert werden. Eine Gewichtsabnahme und Umstellung der Ernährung sind hier hilfreich. Andere Risikofaktoren sind Vererbung – ein Drittel aller Diabetiker haben eine familiäre Belastung – und fortgeschrittenes Alter.

## DIAGNOSE

Ihr Arzt wird Ihren Urin auf Zucker und Ketone, ein Nebenprodukt des Fettstoffwechsels, überprüfen. Unter Umständen wird man auch eine Blutprobe nehmen. Sollten beide, Urin wie auch Blut, signifikant hohe Zucker- und Ketonwerte aufweisen, liegt der Verdacht auf Diabetes nahe.

## THERAPIE

Ein schwerer Typ II Diabetes erfordert unbedingt blutzuckersenkende Medikamente und eventuell auch Insulininjektionen. Dagegen muss ein Typ I Diabetes von Anfang an mit Insulininjektionen behandelt werden.

Die Komplikationen, die sich aus einem schweren Diabetes ergeben, umfassen Schäden an der Netzhaut (Retinopathie), Schädigung der Nervenenden (Neuropathie), Nierenfunktionsstörungen (Nephropathie), Arteriosklerose (siehe S. 83–84), Bluthochdruck und das Absterben von Gewebe (Gangrän).

Da Diabetes und HET-Präparate beide den Kohlenhydratstoffwechsel beeinflussen, ist eine HET im Allgemeinen für Diabetikerinnen nicht geeignet. Wenn Ihr Diabetes stabil ist, Sie Ihren Urin regelmäßig testen lassen und in enger Verbindung mit Ihren Arzt bleiben, kann eine HET angebracht sein, besonders wenn es in Pflasterform mit niedriger Dosierung verschrieben wird.

## Diabetes mellitus Selbsthilfe

***Das Wichtigste ist eine kontrollierte Glukosezufuhr. Zu viele Kohlenhydrate erhöhen die Blutzuckerwerte und werden Ihre Diabetessymptome verschlimmern. Eine zu geringe Kohlenhydratzufuhr werden Schwindel, Schwäche, Verwirrung und schließlich Bewusstlosigkeit hervorrufen.***

*Sie können Ihren Glukosespiegel mittels Teststäbchen überwachen, die Ihnen der Arzt verschreiben wird. Sie halten den Streifen in eine Urinprobe und können an Hand der Farbskala den Spiegel ablesen.*

*Ihr Arzt wird Ihnen einen genauen Ernährungsplan geben – als Regel gilt: Vermeiden Sie jeden Zucker! Essen Sie kleine Mengen an Kohlenhydraten in regelmäßigen Abständen, so dass Sie keine drastischen Schwankungen Ihres Blutzuckerspiegels haben, und essen Sie viel Ballaststoffe (siehe S. 37–38). Bei einem leichten Diabetes aufgrund von Übergewicht wird eine Gewichtsreduktion und das Vermeiden von Zucker Ihre Beschwerden weitgehend lindern, und Ihre Bauchspeicheldrüse wird genügend Insulin für Ihr reduziertes Gewicht produzieren.*

# DAS LEBEN NACH DER MENOPAUSE GENIESSEN

Wenn Sie älter werden, erleben Sie eine Zeit der Neuorientierung. Vielleicht beschleicht Sie das nagende Gefühl, dass Sie etwas in Ihrem Leben verändern möchten. Vielleicht haben Sie es schon lange vor sich her geschoben und immer geglaubt, es sei nicht der richtige Zeitpunkt. Vielleicht sind Sie mit Ihrer Jobsituation unzufrieden oder Sie haben das Gefühl, dass Sie nicht genug Zeit für sich haben. Vielleicht wollen Sie in Ihrer Beziehung etwas ändern, mehr Zeit ohne Ihren Partner verbringen. Treffen einige der Punkte auf Sie zu, stellen Sie sich Ihren Gefühlen und seien Sie ehrlich mit sich selbst. Sprechen Sie diese Gedanken mit Ihrem Partner, Ihren Freunden durch, vielleicht auch mit einem Psychologen. Wenn Sie Ihre Umgebung wissen lassen, was Sie wollen – ob dies nun eine Veränderung im Arbeitsleben oder in der Beziehung ist, wird Ihnen das offene Gespräch vielleicht neue Wege aufzeigen.

## PACKEN SIE DIE DINGE AN

In dem Moment, in dem Sie sich entschlossen haben, etwas zu ändern, tun Sie den Schritt und packen Sie die Dinge an. Das bedeutet nun nicht, dass Sie Ihre Arbeit hinwerfen oder die Scheidung beantragen sollen; machen Sie einfach den ersten Schritt in die richtige Richtung. Vielleicht lassen Sie sich beim Arbeitsamt registrieren oder verbringen mehr Zeit für sich selbst.

Vermeiden Sie es dabei, von sich selbst als egoistisch zu denken – andere um Sie herum, etwa Ihr Partner, können von den Veränderungen profitieren. Wenn Sie zum Beispiel die meiste Zeit Ihres Lebens damit verbracht haben, Kinder großzuziehen und eine Familie zu haben, könnte eine neue Teilzeitbeschäftigung Ihnen ein Gefühl der Unabhängigkeit geben. Sie fühlen sich erfüllter und ausgeglichener, was eine positive Wirkung auf Ihre Familie haben wird. Spielen Sie mit dem Gedanken, sich eine Karriere aufzubauen, in der Zeit, in der Ihr Mann langsam daran denkt, in den Ruhestand zu gehen, könnten Sie ihm einen Rollentausch vorschlagen. Andererseits könnten Sie sich auch auf einen geruhsamen Ruhestand freuen. Denken Sie daran, dass Sie schon viele Entscheidungen in Ihrem Leben getroffen haben und viele Veränderungen erlebt haben – Sie sind gut gerüstet für eine weitere Veränderung und neue Erfahrung. Denken Sie an den Ruhestand als einer Zeit der Erneuerung – es braucht kein bedrückendes Erlebnis sein, wie viele Leute oft meinen.

Wenn man Menschen im Ruhestand danach befragt, was sie am meisten vermissen, sind Geld und soziale Kontakte die häufigsten Antworten. Es gibt jedoch auch viele Vorteile: Sie können endlich Ihrer inneren Uhr folgen – essen, schlafen und lesen, wann Sie wollen; die Zeit der Fremdbestimmtheit ist vorbei. Sie haben mehr Zeit für Ihre Familie, Ihre Freunde und Hobbys; wenn die Doppelbelastung wegfällt, baut sich auch der Stress rasch ab.

Meistens beginnt man um die 50, sich auf den Ruhestand vorzubereiten. Vielleicht reduzieren Sie Ihre Arbeitszeit, überdenken Ihre Finanzen neu und lassen sich entsprechend beraten, vielleicht beschließen Sie, in ein kleineres Haus zu ziehen. Und auf der persönlichen Ebene möchten Sie vielleicht engen Beziehungen mehr Zeit widmen.

Die einen empfinden diese Phase als einen natürlichen Übergang, für andere, speziell Frauen mit befriedigenden Karrieren, ist die Umstellung schwerer. Seien Sie darauf vorbereitet, denn es bleibt wenig Zeit zur Anpassung, wenn es soweit ist. Die Vorbereitung auf den Ruhestand ist eine anerkannte Notwendigkeit. Viele Firmen, ehrenamtliche Organisationen und Volkshochschulen beraten oder bieten Kurse zu folgenden Themen an: Finanzplanung, Kaufen und Verkaufen von persönlichem Eigentum und Anlagen, Gesundheitsfürsorge und Freizeitangebote.

## ORGANISIEREN SIE IHRE ZEIT

Weniger Tage in der Woche oder weniger Stunden am Tag zu arbeiten, längere Ferien zu nehmen oder von zu Hause aus zu arbeiten sind nur einige Möglichkeiten, den Übergang von bezahlter Arbeit zum Ruhestand zu gestalten. Wenn der Ruhestand weniger als ein Schnitt und mehr als ein Übergang angesehen wäre, würde er viel von seinem gesellschaftlichen Stigma verlieren und die emotionale Stabilität stärken.

Der Verlust der Freundschaften am Arbeitsplatz, das Flüggewerden der Kinder, vielleicht sogar der Tod des Partners bedeuten, dass man sich stärker auf die Freundschaften mit anderen stützen muss. Freundschaften sind wichtig und werden mit zunehmendem Alter immer bedeutsamer.

Wenn Sie Langeweile verspüren und sich verloren vorkommen, haben Sie sicher Ihre Probleme mit der emotionalen Umstellung zum Ruhestand. Schauen Sie, wann Ihre Freunde und Verwandte Zeit haben, und teilen Sie Ihre Interessen mit ihnen. Starten Sie neue Projekte oder lassen Sie alte Hobbys wieder aufleben. Schlafen Sie aus, treffen Sie sich mit einer Freundin zum Essen, lesen Sie mitten am Nachmittag und legen Sie Ihre Füße hoch, wann immer es geht.

# ADRESSEN UND ORGANISATIONEN

*Die folgende Liste stellt lediglich eine Auswahl an Beratungsstellen und Organisationen dar, die mit Gesundheitsvorsorge, Gesundheitspflege und Heilung befasst sind.*

*Weitere Auskünfte erteilen die zuständigen Gesundheitsämter, Krankenkassen, kirchliche und staatliche Beratungsstellen. Hier können vor allem die örtlichen Selbsthilfegruppen, Gesprächskreise, Betreuungs- und Hilfsdienste und die angebotenen sozialen Dienste erfragt werden.*

**Arbeiter-Samariter-Bund e.V.**
Sülzburgstraße 140
50937 Köln
Tel.: 0221/47 60 50

**Bundesselbsthilfeverband für Osteoporose e.V.**
Kirchfeldstraße 149
40215 Düsseldorf
Tel.: 0211/31 91 65

**Bundesverband Deutsche Schmerzhilfe e.V.**
Wietwende 20
21720 Grünendeich
Tel.: 04142/81 04 34
Fax: 0414281 04 35

**Bundesverband für gesundheitliche Aufklärung**
Postfach 910152
51109 Köln
Tel.: 0221/8 99 22 22
Fax: 0221/8 99 23 00

**Deutsche AIDS-Hilfe e.V.**
Postfach 6610140
10921Berlin
Tel.: 030/6 90 08 70
Fax: 030/6 90 08 742

*Bezug von Informationsmaterial; keine persönliche Beratung.*

**Deutsche Hauptstelle gegen die Suchtgefahren e.V.**
Westring 2
59065 Hamm
Tel.: 02381/9 01 50
Fax: 02381/1 53 31

**Deutsche Liga zur Bekämpfung des hohen Blutdrucks**
Berliner Straße 46
69120 Heidelberg
Tel.: 06221/41 17 74

**Deutsche Parkinson Vereinigung Bundesverband e.V.**
Moselstraße 31
41464 Neuss
Tel.: 02131/4 10 16

**Deutsche Rheuma-Liga Bundesverband e.V.**
Maximilianstraße 14
53111 Bonn
Tel.: 0228/9 57 500
Fax: 0228/9 57 50 20

**Deutsche Volksgesundheitsbewegung e.V.**
Herrenwiese 125
47169 Duisburg
Tel.: 0203/59 26 43
Fax: 0203/59 87 00

*Gesundheitspolitischer Verbraucherverband (Ziel: Erhaltung Naturheilmittel, Naturheilmethoden, Nahrungsmittel ohne Zusatzstoffe)*

**Deutscher Hausfrauenbund e.V. Bundesgeschäftsstelle**
Coburger Straße 19
53113 Bonn
Tel.: 0228/23 77 18

**Frauenselbsthilfegruppen nach Krebs Bundesverband e.V.**
B6, Hausnr. 10/11
68159 Mannheim
Tel.: 0621/2 44 34

**Johanniter-Unfall-Hilfe e.V. Bundesgeschäftsstelle**
Karl-Legien-Straße 188
53117 Bonn

Postfach 410254
53024 Bonn
Tel.: 0228/6 83 00

**KID (Krebsinformationsdienst)**
Tel.: 06221/41 01 21

*Telefonische Krebsberatung von 8.00 bis 20.00 Uhr.*

**Malteser Hilfsdienst e.V. Generalsekretariat**
Leonhard-Tietz-Straße 8
50676 Köln
Tel.: 0221/98 22 01

**Pro Familia Deutsche Gesellschaft für Sexualberatung und Familienplanung**
Cronstettenstraße 30
60322 Frankfurt/Main
Tel.: 069/9 76 80 30

**Zentrale Telefonnummer für Fragen zum Thema AIDS**
19 411 (ohne Vorwahl)

*Zur persönlichen Beratung wird man an die zuständigen örtlichen Stellen weitergeleitet.*

# REGISTER

# DANKSAGUNG

Dorling Kindersley möchte sich bei folgenden Personen für ihren Beitrag zur englischsprachigen Fassung dieses Buches bedanken:

FOTOGRAFIEN
Jules Selmes mit Unterstützung durch Steve Head.

ILLUSTRATIONEN
Joanna Cameron, Tony Graham, Aziz Khan, Joe Lawrence, Coral Mula, Howard Pemberton, Sue Sharples.

PAPIERMODELLE
Clive Stevens

DTP-UNTERSTÜTZUNG
Rajen Shah

BERATUNG
Nicholas Siddle, MB, ChB, MRCOG; Neil D. Cox, FBCO, FAAO; Sami Girling, MCSP, SRP, PGSDSP; C.J. Hilton, FRCS; Diana J. Mansour, MRCOG

HERAUSGEBERISCHE UND GESTALTERISCHE UNTERSTÜTZUNG
Nicky Adamson, Claire Cross, David Summers, Ruth Tomkins

STICHWORTVERZEICHNIS
Hilary Bird

TEXTFILM
The Brightside Partnership, London